# PRAISE FOR *TOU*

*Touched* takes readers on a captivating journey to Mexico's famed San Ignacio Lagoon, a magical place where migrating gray whales arrive by the hundreds in winter to breed and give birth. The book is ingeniously organized as a four-stranded narrative which deftly braids the perspectives of a poet, a cetologist, a fisherman, and an activist to offer an informative and inspiring story of how this unique whale nursery was protected and preserved. Best of all is the gorgeous, evocative lyricism of the prose here. The authors have achieved spiritually elevating language befitting the grace and beauty of the whales themselves. A tour de force multidisciplinary appreciation of one of the most remarkable fellow creatures on our beleaguered yet still redemptive home planet.

—Michael P. Branch
author of *Raising Wild* and *On the Trail of the Jackalope*

*Touched* is a wonderful and comprehensive overview of the magic of gray whales and Laguna San Ignacio, a globally important conservation success story.

—Serge Dedina, PhD
Executive Director of WILDCOAST, author of *Saving the Gray Whale*

In this extraordinarily beautiful book, the reader is elevated on the wings of a poet, two scientists, and a dedicated local resident of Laguna San Ignacio—all of whom converge in their appreciation of the spiritual tie between humans and cetaceans. I am now convinced that the whale (rather than some hairy, bipedal primate) should be our totemic animal. The wonderful photographs tell their own story, while illustrating the textual one. I plan to experience Laguna San Ignacio as a tourist but in truth I regard it to be as much a pilgrimage to better understand my own soul.

—William A. Douglass
author of *Whose Fish Is It? The Sport-Fishing Conundrum in the Contemporary World*

This book is a journey into the miraculous. Exploring the human story of the local whale-knowers and putting science in service to their majesty, the book contains an exquisite beauty of thought and elegance of writing that honors the whale-soul of the oceans. The reader is transported into the experience of stroking and being touched by whales who offer this in spite of all that humans have done to them. This book makes a sensational demand: that we try to rise to their level.

—Jay Griffiths
author of *How Animals Heal Us* and *Wild*

That was the best day of my life. What a phenomenal experience. Epic. Epic. Epic. [About visiting gray whales at Laguna San Ignacio.]

—Stephen Fry
writer, actor, lifelong whale addict

As an antidote to despair, the gray whale's recovery is one of the world's greatest environmental success stories. If you're lucky enough to visit San Ignacio Lagoon at the right time, you can touch a gray whale—just like Pachico Mayoral did all those years ago. If you can't make that pilgrimage, touch the whales by reading this book. In either case you will be touched in return.

—Rob Jackson
Stanford University climate scientist, Chair of the Global Carbon Project
author of *Into the Clear Blue Sky*

*Touched* is more than just a story; it is a testament to the transformative power of interspecies connection. It is an invitation to reimagine our relationship to the wild places and beings we encounter, emphasizing our profound interconnectedness and mutual dependence on the natural world. The range of perspectives spans the poignant history of whaling, the evocative essence of place, academic discourse on species biology, local wisdom, to the nuanced realm of policy expertise. In bringing these four distinguished thinkers together, the book underscores the critical role of interdisciplinary dialog, offering a blueprint for navigating a path toward meaningful policy. *Touched* is a must-read for anyone passionate about environmental justice and committed to co-creating a sustainable future that benefits not only human interests but also the larger ecosystems, of which we are a part.

—Sara Michas-Martin
Stanford University environmental/humanities lecturer, author of *Gray Matter*

*Touched* is an homage to the wild wonders of Laguna San Ignacio, but it is also a deep exploration of our relationships with other species, the meaning that comes from a sense of place, and the great efforts required for long-term stewardship of the natural world.

—Lauren E. Oakes
author of *Treekeepers* and *In Search of the Canary Tree*

The gray whales of Laguna San Ignacio share the intimacies of their lives in close proximity with human beings. No other whales come so close to us, nowhere else in the world. This fine book is the first to tell, in many voices, this incredible story.

—David Rothenberg
author of *Whale Music* and *Survival of the Beautiful*

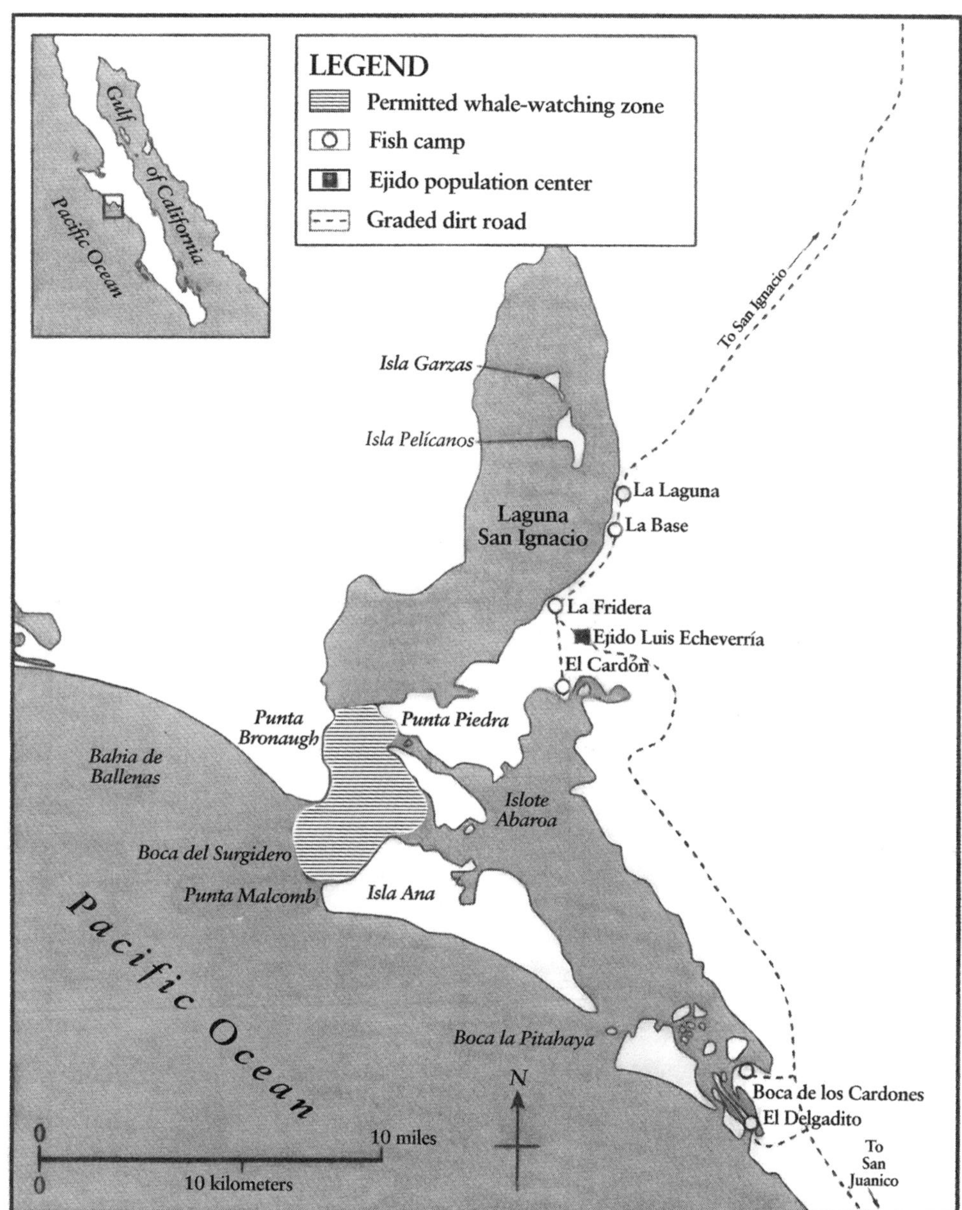


Map 2.2 from *Saving the Gray Whale: People, Politics, and Conservation* by Serge Dedina, PhD

# TOUCHED

## Revelations at San Ignacio Lagoon

### Spirit ≈ Science ≈ People ≈ Action

Essays by


Steven Nightingale

Steven L. Swartz

Pancho Mayoral

Richard J. Nevle


For Lisa,
wishing you radiant good
fortune, always & everywhere—
Love,
Beth & Steven


Samara Press

2025

ISBN: 978-1-955140-04-01
Library of Congress Control Number: 2024934164
Printed in the United States of America

Samara Press
950 Joaquin Miller Drive
Reno, Nevada 89509
USA
www.samarapress.net

Cover photographs by:
Richard German (English Edition)
Amílcar Hernández (Spanish Edition)

For Pachico Mayoral
*In memorium*

and

For Ejido Luis Echeverría Alvarez
and the entire lagoon community

and

For the gray whales of the world

## CONTENTS

# SPIRIT

**Steven Nightingale** is the author of twelve books: two novels, six books of verse, a long essay about Granada, Spain; *The Hot Climate of Promises and Grace,* a book of short stories about extraordinary women; and most recently, a book of haiku, *Incantations*. He is co-author of *The Paradise Notebooks*, a meditation on the Sierra Nevada.

# A KEY IN THE LOCK OF THE FUTURE

## Steven Nightingale

*Paradise is of the option.*
—Emily Dickinson

Whales.

It is difficult to think of a creature more central to the human imagination. They are everywhere, not least in the foundational text of Judaism and Christianity, *Genesis*. The words of the King James version are: *And God created great whales, and every living creature that moveth, which the waters brought forth abundantly, after their kind, and every winged fowl after his kind: and God saw that it was good.*

We note that it would have been possible to call out any of the countless animals of the Earth. But it is remarkable that in the early section of *Genesis* only the whale is called out; the other animals are referred to with general language—winged fowl of every kind, creeping things, creatures, cattle, and so forth. The whale's presence in the first few verses of the Bible bespeaks, two and a half millennia ago, its preeminent hold on our imaginations; its magnificence.

We have, as well, the stories of Jonah in the Bible and Yunus in the Koran. In both versions, the men refuse to fulfill their duty to offer revelation to the people of the Earth. In both cases they show anger at those they are meant to help. And in both cases they pass three days and nights in the belly of a whale, where they repent, they learn, they understand. It is then that the whale, in concord with the divine will, deposits them on shore, so that these men can begin anew their fateful work.

What is so moving, is that in both holy texts the whale is working in tandem with the divine to correct the heedlessness of men; and working in favor of patience and revelation.

The whales are still at work.

Laguna San Ignacio is the breeding and birthing ground of the gray whale. The whales turn up in the Laguna in January, having migrated down from their feeding grounds in the Arctic. Many species of whales have such a refuge. But this one is different.

In 1972 a fisherman named Pachico Mayoral was working on the waters of Laguna San Ignacio in his boat and he saw a gray whale swim close. Many of the fishermen who lived and worked at the Laguna feared them, since they had been called "Devil Fish" by the early hunters of whales, due to the aggressive and sometimes violent actions of mother gray whales when their babies were harpooned. A gray whale is magisterially strong. Of her forty tons, more than twelve tons reside in the muscle she uses to move her tail flukes. Any gray whale can easily make matchsticks of a boat in the water.

That day at the Laguna, one whale approached more and more closely to Pachico's boat.

Slowly, tentatively, quietly, he did just what no one does, he made the straightforward, strange, simplest gesture: he put forth his hand and touched the whale.

Think of, in the Sistine Chapel in Rome, the hand of God reaching out to touch the hand of Adam. The painting means to show the infusion of life, with its necessary and beautiful spirituality, into the body and mind.

With Pachico's touch, the story of our days began to open onto a new vision of humanity and its true place in creation. It is a story that many of us know within, a dream of all humankind as we watch the doors of history closing around us. In that moment, Pachico put a key in the lock of the future.

The world has not been the same since. We gather here, all of us in this book, to say why.

Let us, in the spirit of Pablo Neruda, frame our task with poetry in the form of questions.

*Why is it that history wants to slam the same dark door in all our faces?*

*Do men think that the living world is a place meant for reckless darkness and the stagecraft of massacre?*

*Why do so many shout that it is too late?*

*Do we not have our longings, dreams, loves, work, and ebullient hopes?*

*What if the darkness and the massacres are miserable, temporary, ignorant?*

*What if they are cowardice?*

*What if within all of us there is a new world await, beckoning, lucid, resurgent?*

*What if we could with the living world make a commonwealth of care and beauty?*

*What if now, just now, we have our chance?*

*What if paradise is of the option?*

To explore such questions, we must note a very few salient facts about whales, so that we have some grounding for our journey together.

They are the largest mammal on Earth; as far as is known, the largest there has ever been.

A gray whale adult weighs forty tons. A fin whale, more than sixty tons. Or to use another measure, the heart of a blue whale: it weighs two tons. Its major arteries are big enough to serve as a playground for toddlers. And that heart pumps blood through a one-hundred-and-fifty-ton body by beating with monumental power, just eight times a minute. It is as if they offer the very pulse of the ocean itself.

Whales have the largest brains on Earth. A human brain weighs around 3.3 pounds. A gray whale brain is around 9.5 pounds. A blue whale, over 15 pounds. And a sperm whale has the largest brain known, about 18 pounds. Their brains look rather like ours: divided into hemispheres, with a cerebral cortex that shows visible and intricate corrugations. What is more, baleen whales like the gray whale or the humpback have cortical circuitry similar to that of primates, and specialized neurons called spindle cells; and whales in general, depending on the species, will have profoundly enlarged neural regions, such as those specialized for the reception of sound and touch. What abilities of communication and intelligent conduct such brains may provide is simply unknown to us, since, as regards the human and the whale brain, there may be no more complex tissue anywhere on Earth. It leads us to the obvious notion that most of us may in fact know little about the real capacities of our own minds; and even less about the genius of a whale. But there are many who, looking into the eye of a whale, have been transfixed by what some describe as a force-field of intelligence; call it gale-force.

Some whales sing, and it is beautiful. Humpback whales have a repertory of songs worked out with brilliant patience and slow improvisation, and shared out together, ocean by ocean. In Roger Payne's extraordinary book *Among Whales*, he notes that human songs and whale songs share the same elements. Let us recount some of them. Both use rhythm; they state a musical theme, and then return to it; they compose both shorter and longer pieces, these latter as long as a symphony. They use scales; they mix percussion with pure tones and extended melody; and, I am delighted to report, they use rhyme. As a man who for more than twenty-five years wrote a sonnet every day, I did not know that, as a mere human, I was with my rhymes merely following along the pathway of learned animals who have been developing their art over fifty million years or so.

It made me want to begin again, to listen to the art of the masters and take up my labors once more, but with the benefit of their learning and the devotional beauty of their compositions.

Whales migrate. The gray whale moves every year between the turquoise lagoons of Baja California, its breeding and birthing grounds, and its cold, tumultuous feeding grounds in the Arctic; and then back again. It is a journey of over five thousand miles each way, the longest and most astonishing migration of any mammal on Earth. And one requiring the most exquisite mastery of navigation and caretaking, since during the northward migration in spring, the baby whales, months old, swim with their mothers. Among their maternal duties is vigilance against the orcas. And they must give guidance all along the way of what must be the bravest journey any mother and newborn could be called upon to make.

Even to share the Earth with such creatures, we fall into a mood of wonderment and thankfulness. There is some way that our relations with these iconic animals define, clarify, and illuminate our bond with the whole natural world; that is, with the biosphere itself, whence we come and where we must live.

What has been that relation? For most of our history, the form of that relation is known, curiously, as whaling. It is a most astonishing word, so innocuous and inert; it might be a description of beneficent and insightful adventure on the high seas. As is usual in the history of our excursions in language, it is not meant to be connected to reality, it is meant to conceal reality. It is like calling slavery "chattel ownership in agriculture"; like calling torture "enhanced interrogation technique"; like calling murder "elimination with extreme prejudice"; like calling mass extermination "killing the cockroaches." As a species, we use language to conceal our actions from others, and to avoid the true naming of our own intentions and deeds.

What the term means, in reality, is whale-butchery. Whaling ships were the ponderous butcher-shops of the ocean, and each ship was organized and equipped to be its own dedicated killing ground. To go whaling was to set forth on a campaign of extermination. So effective was that campaign that we nearly succeeded in emptying the oceans of whales altogether.

This is the briefest history of how such a program of extermination worked.

The earliest whalers were Korean, Viking, Japanese, and Basque. The Basques pioneered whaling in Europe at a time when the oceans abounded in whales, an animal virtually without predators. Given their enormous size, worldwide scope of life, complex social organization, and suite of highly developed means of navigation and communication, whales had, for the most part, no reason to fear any other species, much less our own. It is remarkable to contemplate: the largest and most powerful animals on Earth were also the most peaceable. And their presence in the oceans for more than fifty million years had brought them to a level of development of brain and body that is to this day beyond our understanding.

Beginning with vigor in the 1600s, we went forth to hunt them. This is how it was done: a large butchery-ship would set on the waters a small boat which would slowly approach a whale who had surfaced to breathe, to rest, or to sleep. Once close enough, a man would rise and pitch a harpoon deep into the flesh of the whale. It was agony sudden and unprecedented. The whale would in desperation dive, swim, and attempt to escape, pulling the boat along with it as rope played out, until with time and the dead weight of the boat, with the torment of the harpoon and blood loss, the whale exhausted itself. The boat would pull alongside, and the helmsman would raise a ten-foot spear and drive it repeatedly as deep as he could into the body of the whale, seeking the lungs, the heart, any vital organ. And soon enough the whale would die in water of glistening crimson, since blood loss eventually killed them.

This basic logistics of killing provoked, of course, an outpouring of male ingenuity. First came a cannon which could be mounted on the chase boats and then fired to drive the harpoon even more deeply into the flesh of the whale. Then, once the whale was dead, these men found a way to deal with the vexatious problem that blue and fin whales, among others, sink when dead.

But the whale-butchers had an inventive solution: a hollow rod was plunged deep into the dead whale so that compressed air could be pumped into the carcass, permitting it to be torn apart with more convenience.

Then the obvious question: why should anyone have to waste the time and suffer the danger of having to exhaust the whale? Was there no way to murder it immediately? So we have a further advance: the exploding harpoon, which detonated within the whale and sent sharp fragments of steel careening all through its body. This did not always work, but the blast with its deeper range of anguish and damage shortened any attempted escape by the whale.

I wish I could write that this was the end of it. It was not. The Japanese, not to be outdone in this inventive contest, caught right whales in nets and forced them near to their ships. They would then team up to hammer giant wooden plugs into the blowholes of the whales so that they would asphyxiate. Every attempt by the whale to take air into their huge lungs would just draw in the giant plugs more securely.

Or take the men of the Faroe Islands, an archipelago in the North Atlantic about halfway between Norway and Iceland. They had their own specialized technique. First, they drove a pod of pilot whales in a bay shallow enough for them to serve as a killing ground. The first assault required the fixing of an eighteen-inch steel knife, thrust into the head of the whales as near to the forehead as possible. Once lodged, the rope attached to the steel could be used to drag the whale near enough for more concerted stabbing to commence. Along with more knife thrusts, one of the whale-butchers, using a suitably designed blade, set to work: he began to saw straight into the flesh behind the head. This sawing carried on until the blade could penetrate the flesh of the whale to enough depth to sever the arteries of the heart or, better yet, the spinal cord. This is community tradition and fierce male pride, this ability to dismember a living whale.

Good records have been kept. Thus we know that over a quarter million right whales have been stabbed and sawn to pieces, and it proves, yet again, how men can, over centuries, come to revel in the macabre and the fiendish.

We read, in addition, of other pioneering initiatives, such as the electric harpoon, which used the metal of the harpoon itself to turn loose a deadly current through the whale. Because blubber is a poor conductor, only the most sensitive parts of the whale bore the full force of electrocution: eyes, mouth, reproductive organs...let us not go on. Alas, the electric harpoon was marginally less effective than the exploding harpoon. And so did it fall out of favor.

The Norwegians even thought to kill the small Minke whales by using elephant guns fired in hopes of hitting the whale's brain. At sea. From boats pitching in the waves and the whale on the move.

As whales disappeared worldwide, technology deepened its lethal imagination. The butchery-ships were much enlarged and came to be called factory ships. Helicopters and spotter planes were launched to find whales and then a dozen or two speed boats were sent out to kill the whales with a powerful and perfected exploding harpoon. Sometimes they used sonar, to locate and confuse the whales, and they even found a frequency which maddened the whales, causing them to surface in panic, to be more easily slaughtered. Once the killing was done, the carcasses were towed to the butchery-ships for what was called "processing." In the history of whaling, the meaning of this abominable word has hardly changed. It means ripping the whale methodically to pieces.

The first part of such efforts was called "flensing." It is an instance in English of a word whose ugly phonetics fit the practice it describes. A deep spiral cut is made through the blubber of the whale, many inches deep. Then a rope with a sharp hook is affixed to the flesh at the head of the cut, and with the use of a powerful winch the whole layer of fat is ripped slowly from the body, as the whale turns in the water. What is left is tongue, eyes, reproductive organs; muscle, meat, bone. The whale is then cut to pieces, with choice parts, like baleen and spermaceti, saved for special and valuable uses. The idea was for every part to be used or consumed.

What have we done with whales?

We burned them, using the oil extracted from their blubber to light our streets and our factories, and our machines used the same oil for lubrication; it was incorporated, as well, in cosmetics: ointments, skin creams, pomades. We burned them at home: spermaceti from sperm whales was made into highly prized candles in the nineteenth and twentieth centuries. In fact the one-time unit of illumination—the word we all recognize as candlepower—had a definition that was based specifically on such burning: the light given off by a candle of pure spermaceti burning at a rate of 7.776 grams (120 grains) per hour.

We ate them. Whale meat was sold in the gourmet section of Macy's until 1973. Countries like Norway and Japan, who have conceived whale-butchery as a noble and traditional part of their culture, have until recently featured whale meat as a part of their national cuisine. And the Catholic Church decided that whale was a "fish," and therefore could be served for the customary Friday meal. And it was not just the meat. Whale oil was infused into margarine and incorporated into soap. Generations lathered up with whales and ate whale on toast.

And then there is the phenomenally useful baleen, the mouth parts used for feeding—they serve as a sieve for plankton and krill—in blue whales, humpbacks, gray and bowhead and right whales, among others. This keratin-based material is strong and flexible and can be heated and reshaped. We used it in parasols. We stuffed sofas with it. We made fishing rods and shoehorns, police nightsticks, whips, and the buttressing in corsets.

And in what must be included prominently in any catalog of the grotesque: spermaceti was used as a specialized component on intercontinental missiles and spy satellites. Thus did a rare and extraordinary substance that resides in the head cavity of the sperm whale, which has the largest brain on Earth, and which is one of the most peaceable and largest mammals on Earth, come to be used in weapons designed to exterminate whole human populations, and take most other life forms with us. Perhaps there is a symmetry in this miserable fact, since the campaign of extermination of the whales can be seen as a natural part of our history-long campaign of man against man—it seems always to be men. And so we live, as we have for decades, one launch day away from extinction.

How many whales have we killed? Even if we leave aside the periods of the eighteenth and nineteenth centuries, the heyday of whale-butchery, and concentrate on the twentieth century, here is one calculation, from the research of Rebecca Giggs:

> Whaling was supposed to have gone the way of parlor seances and the medicinal leech: Victorian preoccupations since debunked by sounder science. Yet from 1900 to 1999, an estimated three million cetaceans were killed and removed from the world's oceans—more whales than had been hauled in all previous centuries. Scientists estimate that the total biomass of baleen whales found in the sea around Antarctica was reduced by 85%.

Most whale species were being driven to extinction. To give just one example: when the moratorium on whale-butchery began in 1986, there were only 10,000 blue whales left, from an original population of 250,000. And they were scattered worldwide. The blue had been especially abundant in Antarctica, where of the 200,000 estimated, there were a mere 450 left.

We might ask, amid such a death count, about the natural death of whales. Since they have virtually no predators, they die natural deaths at sea. What do such deaths look like?

Their natural way of dying has a name: whalefall. In her magisterial book *Fathoms: The World in the Whale*, Giggs has a pages-long description of whalefall that I recommend to every reader. But to summarize: a whale dying in the open ocean is turned slowly and exquisitely back into the life of the ocean. First, floating at the surface, it is nutrition for crabs, seabirds, sharks, until after weeks it begins a slow descent to the ocean floor; as it drops, more and more slowly, other foragers take their turn. And once on the ocean floor, the carcass of the whale is nothing less, for the galactically strange creatures who live there, than the concentrated treasure of the cave of Ali Baba—almost an ecosystem unto itself. Giggs writes:

> Life pops. It is as though the whale were a piñata cracked open, flinging bright treasures. On the body gather coin-size mollusks, lucinid clams, limpets, and crepitating things that live off sulphate. More than two hundred different species can occupy the frame of one whale carcass...some of the organisms that materialize on the whale are called 'fugitive species.' Some live nowhere else but in dead whales...A whale body is, to this glitter splash of biology, a godsend...

It is a rather different fate, we might say, than being used in intercontinental missiles and corsets, in whips and sofa stuffing.

I recount these facts and history because they are pertinent to our journey together to Laguna San Ignacio. It is a fateful place. What it means is infinitely more than what it is. And to understand what it might mean, we must carry on asking questions.

Roger Payne in *Among Whales* offers us one indispensable question: What if the wild world is waiting to be befriended by humanity? If we approached wild creatures with curiosity, with affection, with humility—as do most marine biologists—what would happen? What bond might be formed? How might it change us? Could the arc of our future take on a whole new trajectory, one that bends towards beauty and thankfulness? Might this be, just now, just here, our main chance on Earth? Could we awaken to an exultant sense that the daily workings of the natural world hold a redemption, a sustenance of the spirit, a life-giving, gift-giving, radiant order?

Since that first touch by Pachico, the numbers of *ballenas amistosas*—friendly whales—have multiplied every year. Laguna San Ignacio has a limited number of accommodations for travelers who want to live for a spell of days among gray whales. The Laguna is an international biosphere reserve and trips out among the whales are limited in time and number and strictly supervised. Visitors go together onto the Laguna in *pangas*—the remarkable, exceptionally stable small boats of Baja California—with a boat driver who has lived for most of his life around the whales, and who moves his boat among them in a spirit of respectful genius. Most trips, on most days, the whales will come.

It is clearly and forever impossible to convey in words what such encounters are like. Thus, it is incumbent upon us to try.

In February it is common to see gray whales mating. The last time I ventured onto the Laguna, we saw mating very near the *panga*, right at the surface of the water. The mating group was three males and one female. The males do not compete; rather, their sperm competes within the female. I have never seen nor read of males attacking or damaging one another in hopes of priority in mating. Rather, the motion and envelopment of the mating group was that of the most abundant and unabashed playfulness. The long bright bodies of the mating whales spun and glittered in the sunlight. There was a tumult of white water as the whales swam and turned and angled towards and away from one another, fins arced suddenly into sight and then curved down to disappear in foam, and then another fin, more slowly, would pause and then vanish into the collective movement. Occasionally, a giant male member appeared, the aptly named if not altogether legendary "Pink Floyd." Then, more whirling and revolving, the water shone and foamed around them as each male sought union with the female. The whole long, slow gamboling was riotously beautiful and powerful, rousing and erotic, devoted and exultant. They gave themselves over to one another with such grace. It was some perfect, blessed union of play and prolonged offering. It was lovemaking as sustenance, life-making as a kind of benediction and godsend of sex.

We had come upon this mating group very soon after we had motored slowly out; ninety minutes later when we had to depart, the cavorting carried on still, and we left them to their longing and consummations.

Not on every journey onto the Laguna were we lucky enough to come upon a mating group. But we had other kinds of luck, for the beauties and favors from the gray whale multiply irresistibly. Most often, as the gifted *panga* captains from the Laguna piloted all of us gently closer to a concentration of whales, there were moments of quiet. We would be often in a surround of whales—sometimes there are two hundred whales throughout the Laguna, and we could see them in every direction, breaching, spy-hopping, surfacing to breathe, diving, and in the case of mothers and babies, ardently playing. Sometimes a baby gray would swim over the back or the belly of her mother, and she would arc and lean and let herself be her baby's slide; there's a lot of dunking and nuzzling. They swam together, the baby always very close, touching her mother, a svelte one ton, nestling alongside her mother's flank.

Eight years ago, the first time I was out on the Laguna, I remember the seizure of incredulity and wonder I felt as one baby swam away from her mother...and toward our boat. I thought perhaps I had entered a dream-state. But there she was, alongside us, lifting her head up to our hands, in high-spirited curiosity, with outlandishly beautiful, antic, searching affection. If ever a newborn of the largest family of mammals on Earth could be kittenish, this was the one. She stayed with the boat for twenty minutes, going hand to hand, diving, resurfacing, and coming back to us, splashing us and spraying us, passing under the boat to come up on the other side, going hand to hand once again. None of us, not one of us, could resist kissing her. Some of us wept. All of us were newly aglow. There are some events in every life that cannot be imagined ahead of time, since we have learned to limit the depth of joy possible in our lives and deny outright the possibility of miracle being commonplace upon the Earth.

The baby gray was teaching us, along with her mother. And where was her mother? At the surface of the water, quietly, about twenty feet away, all her massive, extraordinary form glinting in the sun. When I asked the marine biologist what she was doing, she replied immediately: napping.

If any answer could have added to my boundless astonishment, I had been given it. Napping! The mother had taken a break from romping and capering with her infant and entrusted her to...us. In a long life, with many surprises that felt like a thunderbolt, this answer struck me with such force that I do not believe I will ever recover; for which I am thankful.

The mother gray had entrusted her infant to us. In Laguna San Ignacio, the very lagoon where for decades we came to exterminate whales, one after another, day after day, until they were almost gone. The surest way to lure the mother whale near was to impale her baby. It was in this lagoon. Whales live up to seventy years. The killing proceeded into the twentieth century. The parents and grandparents of the whales around us were cut to pieces here.

Prose fails me. And so I began to write sonnets.

## What the Whales Said

Gray whales, mother and baby, swam
To us in our little boat. What I am,

What you are, now cannot be named
Because they came to be touched. They
Came to touch us. They all claimed

Within us a new world, the one
We had sought for so long, the one
We need if we are to live, the one
Where forgiveness is power, the one

Where colossal raw dangerous beauty
Comes home to our hands. The baby whale,
One ton, lifted her head to us gently.

We stroked her. Kissed her. She rolled,
Looked at us. Heaven is ours to uphold.

I have returned many times to Laguna San Ignacio and it is replete with miracle, each and every time. Babies come to be touched, and so do their mothers, and so do single males. Their skin is soft and sensitive, yielding and responsive, and we sense they have uncanny knowledge of our presence, and even of our lives. We seek to convey with our touch how they have ignited a thankfulness within us. All we want is to learn enough to begin to be worthy of loving them.

They surface near us and look upon us with enormous ebony eyes that alter our minds, so that we live in what I can only call a healing trance of understanding. Any of them could kill us with a modest flick of their tail flukes, yet such is the mutual trust that I have never seen fear in a *panga*.

It calls to mind an ancient definition of nobility: the noble are those who forgive when they are able to avenge.

It is as if the gray whales believe we might, as a species, recover our conscience.

It is as if they are showing all of us, in this time of brutish violence, that it is not too late to reclaim our humanity.

It is as if they would awaken within us our most cherished hopes for the future: if this closeness with them is possible, then any good thing in the world is possible—any good thing.

It is as if they would help us to dream again and to remember the Earth as it once was and could be once again.

Who could deny that every year in Laguna San Ignacio the gray whale comes to teach? It is a teaching that is unforgettable because it is so potent a combination of power and gentleness, of titanic force and peaceable beauty. As the beneficiaries of such generosity, we must ask ourselves how we might honor with our lives this infusion of good fortune. Can we cease living as if the Earth is here for our possession, our rabid consumption?

The Earth is here for a different reason: it is here so that we can learn. If we are to learn from the living world, then our duties are those of devotion, protection, and cherishing. We are taught that heaven is another and a different world. But what if heaven has always shown itself here to all of us, every day, and we have denied it by our heedlessness, our vanity, and our greed?

We violently abuse the living world, and this has gone on for so long that now we are in danger of losing it and losing ourselves. We almost exterminated the gray whale. Now, at Laguna San Ignacio, they rise to our hands to show us that it is time to dream again: to dream of healing, of safety, of a salutary and beautiful transformation of history: to dream of a radiant culture that awaits us, if we would learn, if we would live, if we would love.

It is time to translate that dream into deeds. It is past time.

Roger Payne, after a lifetime of study of whales, knows this dream. He writes, "...it is my feeling that the problems we face provide us with the most singular opportunity for greatness offered to any generation in any civilization."

During my own lifetime of work in poetry, I wrote once of such a hope as it lives in the dreams of art. The gray whale offers to us an inconceivably beautiful alliance. Can we work together in favor of this unity of whales and dreams, poetry and art, and of all of us together with the living world?

Our economy has contaminated our experience. Our power has debased our understanding.

Our politics hold in contempt our hopes for safety. Doctrine and habit confine our sense of the sacred.

Yet alive within us are the oldest dreams of peace and concord. We are at the beginning of our best chance on Earth. We can answer an urgent calling: to know, beyond material progress, the grace and understanding that can give meaning to such progress. Such knowledge will bring the mindful changes within, so that we can work in service of life, in honor of life, in thankfulness for life.

Without such a way forward, our progress will be our undoing and our future will be so unspeakable and atrocious that the catastrophes of the past will look trivial and quaint.

These, I think, are the stakes. If this is sentiment, then life and art require it. If this is overreaching, then I seek more companions, so that our embrace may hold all the living world. If this is an impossible project, then we must thrive and laugh, and outfox impossibility.

When I am asked why I am hopeful, I say it is because there is no force on Earth that can resist you, reader, here with this book in your hands, learning of the gray whales' courage and forgiveness. We can find our way together to a future that brings into beautiful unity oceans and whales and poetry, the wild world and the human world, all nature and all culture. If the gray whale trusts us and teaches us, it means we have a chance.

The chance is this: that one day we will see before us an Earth restored, lustrous, cherished.

We will live in communities where justice comes first and generosity toward life is common as paper. And after long labors, we will awaken to the promised hour when our children, in the morning light, will know the ocean as the place of their rejoicing, when in little boats they go out to celebrate the day in 1972 when Pachico Mayoral was in his fishing boat in Laguna San Ignacio, and he reached out his hand to a gray whale who came to recall us to life.

## When the Gray Whales Came to Us

Because you trust us, now we know
That we might have a chance. You show

Us that a touch, one touch, may mean
All of justice, it may mean, in the agony
Of history, that together we may dream

A grace to begin the world once more,
Where we see what beauty has in store,
A swirling light alive at soul's core,
Our homeland, heartland, the shore

Where there will be nothing left of us.
We live in what you give us in mystery,
In wave-motion of miracle. You trust

Us to awaken. History is no toxin.
You teach: paradise is of the option.

# SCIENCE

**Steven L. Swartz** is a 1986 graduate of the University of California at Santa Cruz where he was awarded his Ph.D. under Dr. Kenneth S. Norris. He has researched and published widely on gray whales and their breeding lagoons in Baja California. From 1977 to 1982, Steven and Mary Lou Jones conducted the first systematic research of gray whales in Laguna San Ignacio. In 2006, along with Jorge Urbán Ramírez, they founded the Laguna San Ignacio Ecosystem Science Program (LSIESP) to support and encourage science-based research and monitoring of gray whales and their breeding/aggregation lagoon areas in Baja California Sur, Mexico. Steven served as a consultant to the Mexican Government's Ministry for the Environment, Natural Resources, and Fisheries (SEMARNAP), and worked for the Ocean Conservancy (previously the Center for Environmental Education), the U.S. Marine Mammal Commission, the National Marine Fisheries Service, and the International Whaling Commission. Steven retired from federal service in 2011 and now works as a consultant and senior scientist for non-government environmental and marine conservation organizations.

# AN APPRECIATION OF GRAY WHALES: SEEKING A BALANCE

STEVEN L. SWARTZ

*It is not important that you touch a whale,*
*it is important that the whale touches your heart.*
—Steven Swartz, May 15, 2015

## A DAY IN A LIFE

The day had just started when the radio call came in. A group of whale-watching eco-tourists had seen a mother whale and her calf, and the calf was entangled in fishing gear with a rope and buoy dragging behind it. Our Field Chief, Sergio Martínez-Aguilar, got on the radio and activated RABEN*, the whale disentanglement network at the lagoon. The search for the entangled calf began. We were told the whales were heading north into the lagoon, so we began searching in the north and systematically moved southward toward the lagoon entrance. We searched two thirds of the lagoon, with no luck, and just before nightfall we stopped searching. We asked all the whale-watching boat drivers operating in the area to let us know if they saw the calf the following day.

The search began again at daybreak. Before noon we received reports that the calf and its mother had been sighted inside the lagoon but near the entrance. Once we found them, we watched these whales for several minutes to evaluate the likelihood of intervening and removing the fishing gear from the calf. We discovered that the calf had

---

*In 2014 the Natural Resources Defense Council (NRDC) provided a grant to train and equip boat operators to safely disentangle whales from fishing gear in Laguna San Ignacio. From that beginning RABEN (*Red de Asistencia a Ballenas Enmalladas*) was formed and is now a peninsular wide network that holds training workshops and supports caches of specialized equipment in key locations in Baja California, Mexico.

3/8-inch blue line wrapped around its mouth and head, and was dragging fishing buoys at the end of more than 20 meters of line. We decided to attempt to remove the lines.

The first order of business was to attach a large orange float to the line wrapped around the calf to slow its swimming, and to see the calf's location when it was submerged. The objective was to increase the drag on the line and tire the calf to slow its swimming, which would hopefully allow a close approach to cut the lines freeing the calf. Well, we spent more than an hour following the whales over 10 km hoping they would tire. They didn't tire. Mother and calf continually evaded our boat when we attempted to approach. The mother whale stayed close by and protected her calf by swimming between the calf and our boat. Mother gray whales can be steadfast protectors of their offspring, and while we wanted to help, we didn't want to threaten the mother who could easily flip our boat.

Eventually we determined that it was practically impossible to attempt to disentangle the calf with only one boat, and requested the assistance of another boat and driver from Kuyimá EcoTurismo. Kuyimá boat drivers Alejandro Ramírez Gallegos ("Hardy") and Alejandro Gallegos ("Chino") arrived with the second boat, and we discussed our plan. We would try to steer the whales with a boat on each side of them. Then the boat closest to the mother would approach and distract her, while the second boat approached the calf and attempt to cut the lines. After a few attempts, this maneuver was successful. By making cuts in the line above the calf's head, the tension on the line was reduced, and it and the buoys fell away from the calf...it was free! Some 30 meters of line and buoys were recovered. We followed the whales for another hour by boat and drone to make sure the calf was completely free of line and buoys. Both mother and calf were resighted and photographed later that season, swimming peacefully in the lagoon.

I started thinking about this little calf whale and what its future held. This calf was likely born in or near to Laguna San Ignacio. I wondered where this whale would travel in its lifetime, and what would it experience? How many migrations will it make to the summer feeding grounds in the North Pacific and perhaps even the Arctic? How many times will it return to Baja California, and will it visit more than one of the areas along the peninsula where gray whales aggregate each winter to mate and give birth to their calves? Will it become a parent and produce calves of its own that will go on to perpetuate its legacy and carry on the living history of the gray whale?

When I think about a gray whale, I wonder about more than its biology and natural history. Of the many things gray whales have taught me, one standout is that each whale has a personal history, anchored in annual migrations from summer feeding areas in the far north to breeding areas in the sub-tropical south along the Mexican Baja California coast. We know from comparing photographs of individuals over the years that they can live 50 or more years, an adequate time to experience the many events that any life could offer. Many also return to the same lagoon each winter either to mate or birth a calf from the previous year's mating, while others (particularly males) will roam throughout their southern winter range looking for mating opportunities. So, what stays with them from year to year? Location of favored feeding areas, favorite wintering areas, migration routes, threats or even encounters with killer whales (orcas), or boatloads of ecotourists in the lagoons eager for a close encounter with this giant mammal of the sea?

Bottom line, yes, whales lead individual lives that, not unlike our own, are filled with experiences gained throughout their lives, some good, some not so good. For this fortunate individual, its life was spared a premature demise, and all of life's experiences lie ahead of it, and will remain private and un-recounted. Secrets that only the whale will know and remember, if they do remember? Do they remember such things? Elephants apparently do, so why not whales?

Over the past 40 years I've spent with gray whales, with my colleagues I've learned a great deal about *what* gray whales are biologically from studying their natural history. But we've only still received brief glimpses of *who* they are from our efforts to understand the motivation behind much of their behavior. My quest to seek an understanding of individual whales' experience and perception of their world would change forever my outlook on the gray whales, and cement my attitude toward the necessity for the protection of these very unique marine animals and the conservation of their essential habitats.

## The Beginnings

What brought Mary Lou and me into the world of the gray whale, and why have these whales become such a permanent fixture in our lives? It was the winter of 1977 when we first ventured into Laguna San Ignacio. Initially we embarked on a fact-finding mission driven by a concern that whale-watching ecotourists from the United States were disturbing the gray whales in their breeding lagoons in Mexico, and that would have constituted a violation of the recently established U.S. Federal Marine Mammal Protection Act (MMPA) of 1976.

Meanwhile, our friends at the San Diego Natural History Museum, Scripps Institute of Oceanography, and the San Diego Chapter of the American Cetacean Society (of which we were founding members) were investigating these rumors of whale-watching ecotourism gone astray in Baja California. The question came up as to who would go to investigate and when? In those days Mary Lou and I were frequent visitors to Baja California and we were reasonably familiar with the area in question. So we said, "Well, we could go and have a look around and report back." Thus began a plan orchestrated by Dr. Ray Gilmore and Laura and Dr. Carl Hubbs to convince the San Diego Museum of Natural History to support our first trip to Laguna San Ignacio.

The Museum also appealed to the U.S. Marine Mammal Commission, who matched the Museum's modest grant to ensure that they would be the beneficiaries of whatever information we were able to obtain. A few weeks later, I left my job as an educator at Sea World in San Diego, and Mary Lou took a leave of absence from her job at the same institution. Shortly after the first of the year 1977, we found ourselves on the road to Laguna San Ignacio in a Volkswagen van packed to the gills with camping gear and an inflatable boat.

Our destination: a rather remote desert lagoon on the Pacific Coast of Baja California known as Laguna San Ignacio. There was only one paved highway, Baja Highway #1. At the town of San Ignacio, you headed westward on unpaved, rocky jeep trails, and salt-mud flats that fanned out across a rugged desert that led to the coast some 65 km away. At that point conditions became very rugged very fast. No towns, no communities, only a few sparsely scattered homes and ranches in arroyos filled with palm trees where freshwater springs came to the desert surface. All in stark contrast to the surrounding desert. However, once away from a ranch, there was no immediate assistance if you broke down, and there were breakdowns. A friend and film producer for National Geographic Society announced on his visit to the lagoon, "We might as well be going to Africa!" For us this excursion had become a real-life adventure of discovery.

Our arrival at the lagoon was as impressive as we could have ever imagined, and in many ways as we couldn't have imagined. Standing on the shore our first evening, at sunset, was a bit intimidating. We had come to this lagoon on the advice and experience of others, but we were the new guys in town with zero previous experience with this place. Outsiders, absolutely. Then we met our first locals, a fisherman named Francisco "Pachico" Mayoral and his wife Carmen. We had no idea how influential this family would become in our lives thereafter, how influential they would become in the ongoing history of the lagoon, or how lucky we were to become friends with this family. We explained, as best we could in our minimal Spanish, that we had come to see the whales. Pachico assured us that there were whales in the lagoon and suggested that we continue to drive along the shore of the lagoon to a small ranch whose dim lights we could see in the distance. By now it was dark and the wind was blowing fiercely out of the north.

After a few wrong turns in the dark, we arrived at La Freidera, the ranch of Antonio Camacho and his family. One hundred and forty years ago this was the site of the shore-based "try works" of the nineteenth century whalers that harvested and processed the gray whales they killed. Now Sr. Camacho and his family lived in buildings that stood on those early foundations, and fished rich waters of the lagoon for a living. We parked our van on the southside of his home to get out of the wind, and set camp by the light of our headlights. After dinner, the wind dropped and we heard for the first time the sublime "whoosh" of whale blows far out in the lagoon in the dark. Under a sky filled with millions of stars, we drifted off to sleep to the sounds of those whale blows.

## Where Do We Start?

At sunrise we set off to explore the lagoon. "Good grief," Mary Lou exclaimed, "it's an ocean!" How would, and could, we ever effectively explore and monitor whales in such a place? In the days and weeks that followed we circumnavigated the entire lagoon and became familiar with the shorelines. One place in particular was of special interest: "Rocky Point" or "Punta Piedra," a rocky promontory jutting out into the lagoon, located about one third into the lagoon interior from the ocean entrance. It created a constriction in the lagoon through which all the whales must pass when entering and leaving the larger lagoon interior. Ray Gilmore had told us that this was the ideal place to observe the coming and going of the whales. But how to get there? For hours we wandered around the desert and the mangroves that encircled the point looking for a route, but found none.

We explained our predicament to Pachico, and he responded, "No problem, I will move you and your equipment to the point in my *panga*." The next morning, he arrived and everything we had brought with us, except our van, was piled high in his *panga*. Once at the point we off-loaded the gear and began to assemble an observation tower that our friend Bob Mathers had fabricated from aluminum poles and braces. Just before sundown, with great pomp and ceremony we raised the tower on the edge of the point. At a height of 5 meters it was the tallest structure for miles, and afforded a vista in all directions. We dined on fresh clams, red wine, and tortillas made by Carmen Mayoral. We settled in for our first night on Rocky Point, along with a thousand deer mice, another thousand lizards, a few dozen coyotes, and the sounds of whales blowing just a few yards outside our tent. The "Rocky Point Hilton" was open for business.

Our camp on Rocky Point was the focal point for all of our activities for the following five winters we spent in Laguna San Ignacio. From 1977 to 1982 Mary Lou and I conducted the first scientifically based surveys of gray whales and documented the visitation by U.S. based whale-watching ecotourists in Laguna San Ignacio. Over those five winters we established the first repeatable boat survey for estimating gray whale abundance (still in use today), and began photographic-identification studies to identify individual whales and their movements and annual returns. Our initial objectives included describing the basic oceanography of the lagoon, its underwater sounds (acoustics), and the numbers of whale-watching boats and their passengers that visited the lagoon each winter. When we concluded our studies in 1982, we returned to university to finish our academic training, and to write and publish our findings. Oh, and yes, hopefully find gainful employment. However, at this point we were now captives of the lagoon's magic, and not unlike the gray whales, we returned to the lagoon each winter in our thoughts and in our minds.

## The Story Continues

A controversy arose in the 1990s over plans to develop an industrial solar salt production factory at Laguna San Ignacio. The question was, "How important was this lagoon to the whales when there were other areas in Baja California that they could use?" And that was the motivation for a resumption of gray whale monitoring and research. In 1996 our colleague Jorge Urbán Ramírez, a professor of marine mammal research at the Autonomous University of Baja California Sur (UABCS) in La Paz, resumed our surveys to document the current use of the lagoon by gray whales, and to evaluate its current importance as a wintering and breeding area.

Following a 5-year debate over the value of the lagoon as a whale sanctuary, in 2000 Mexico's then President Zedillo visited the lagoon himself, and shortly afterward declared that the area would be protected and maintained as a whale and marine resources sanctuary consistent with the mission and purpose of the newly established Vizcaíno Biosphere Reserve, of which the lagoon was a part. This opened the door for the development of locally owned and operated sustainably managed ecotourism, and that led to the establishment of the whale-watching ecotour camps that operate in the lagoon today. The lagoon and the whales appeared, for the moment, to have the protection they required.

While whale-watching ecotourism was beginning, Jorge noted that there was no monitoring or evaluation of the potential impacts of whale-watching ecotourism on the lagoon or on the whales. So, in 2005, we formulated a plan to establish a field research station at the lagoon, and to invite our colleagues and their graduate students to conduct their research there. We were able to attract whale researchers, bio-acousticians, marine invertebrate specialists, marine botanists, experts in inland marine oceanography, and so on. Soon we had an army of academics and graduate students. We established what we called the "Laguna San Ignacio Ecosystem Science Program," a multi-disciplinary program focused on investigating and monitoring the lagoon ecosystem and its marine life, especially the gray whales that utilize the area. Our program began in 2006, and in 2009 the non-profit Ocean Foundation invited us into their portfolio of ocean conservation programs, and that relationship as our non-profit sponsor continues to this day.

What began with a fact-finding mission in the early 1980s, had proved useful to argue against establishing an industrial salt manufacturing facility in the lagoon in the 1990s. Now we renewed our personal commitment to learn from the whales, to provide relevant information in support of sustainable management of the lagoon and its wildlife, and to mentor new generations of university students working toward their careers in marine science. This was all made possible with the support of the local community and its ecotourism operators, a family of generous nonprofit organizations and individual supporters that shared our belief in the protection of the gray whales and conservation of Laguna San Ignacio. But would it be enough to secure the future of this unique marine area and the gray whales that came every winter?

## Pondering the Presence

When we first visited Laguna San Ignacio, we were fascinated by the place, its history and wildlife, and that remains true today. There is something extraordinary about the interface of an inland lagoon filled with Pacific Ocean water meeting a stark and somewhat desiccated desert. We have been overwhelmed by the rich diversity of marine life and desert life that inhabit this union of salt water and sandy desert. Something about the combination of these two elements supports thriving communities of diverse life forms: resident and migratory birds, fish, desert reptiles, salt-loving plants, shellfish, sea turtles, dolphin, and sea lions. Mix in the seasonal appearance of one of the Earth's greatest and largest creatures, the North Pacific gray whale, and the remarkable majesty of the lagoon ecosystem takes on an other-earthly feel, an other-earthly power over the individual that is almost surreal.

Was it always this way? In the case of Laguna San Ignacio, the native people who first visited hundreds or even thousands of years ago left their depictions of what they experienced painted on the walls of caves and chiseled petroglyphs on rock faces in the Sierra de San Francisco and Sierra de Guadalupe to the east of the lagoon. Their cave paintings and petroglyphs, more than 1,000 years old, display a knowledge of wondrous marine life. Depictions of marine birds, fish, manta rays, dolphin and even whales cover the walls of these caves along with mystical human figures overlain with images of mountain sheep, deer, and other animals that they hunted and depended upon for their survival. Leaving the mountains and venturing west across the desert to the lagoon and the Pacific shores, we can only wonder what they thought about the lagoon and its wildlife compared to their lives in the mountains.

Crystal Bluff (*Cantil Cristal)* is a 100-foot-tall cliff face jutting out of the desert in the northern portion of the lagoon. We named the bluff for the gypsum crystals that appear in veins along its face. From its crest one has a vista over the lagoon's vast northern basin and its two islands. Judging from the numerous ancient shell middens and other stone tools and artifacts scattered on the flanks of the bluff, it was clear that we were not the first to be impressed with this location. The bluff's height offered a vista of the surrounding desert that would be of strategic advantage to any group wishing to keep sentinel around their camp. Like the "old ones" that came before us must have, we too marveled at the vista of the entire lagoon from its summit. Each visit finds me pondering what those early native inhabitants might have seen and imagined from this vantage point.

Walking over the bluff for the first time we sensed we were in someone's previous home. Layers and layers of shells, some a meter or more deep in places, covered the bluff on its north and south sides. These middens are evidence of earlier, prolonged human activity at this site. In every direction along the slope were fragments of black obsidian glass, finished and unfinished, and broken projectile points, broken basalt scrapers, and other rocks that had been worked into primitive tools. The nearest source of obsidian was the Las Tres Vírgenes volcanos 100 km east of the lagoon, indicating that early lagoon visitors traveled at least that far or farther to obtain this valuable commodity. Who were they? Why did they come here? How long were they here? What did they discuss? What did they think of the whales? Where did they go?

What did ancient native societies think about whales, dolphins, and the lagoon in general? We can only imagine what they thought about the whales' return to the lagoon each winter. What did they think while investigating a stranded dead whale along the shore of the lagoon? While they likely did not have a technical understanding of many natural events, ancient societies were expert at observing the natural world around them. They developed over time an oral history and tradition of sharing what they observed in the lagoon, in the desert, the mountains and in the sky at night. Watching the stars and movements of the planets, they learned to identify the seasons for planting crops and holding rituals. This local knowledge undoubtedly shaped their beliefs and understandings of when to leave the mountains and journey to the lagoon to harvest abundant seafood. In winter they would have seen the gray whales. No doubt then, like now, the whales were the "charismatic megafauna" that stirred their imaginations and beliefs about the natural world.

While living at the lagoon each winter, we experienced a taste of this connection with the region's natural cycles and events. We surrendered to the ebb and flow of the daily tides that dictated where and when we could go or not go. The lunar cycle became our natural clock and calendar. The stars were our compass. We met and became friends with some of the local ranchers and fishermen and their families who lived, in some cases for generations, at the lagoon and in the surrounding region. Like the ancients, these contemporary residents observed and learned over time the natural recurring rhythms and seasonal cycles that governed the lagoon and its wildlife. While we had an academic understanding of marine science and whales, our new friends provided the local knowledge that supplied the context with which to understand the natural systems within the lagoon. For us, listening to and learning from the local people filled in many missing pieces in our understanding of the nature and functionality of the physical aspects of the lagoon and the behavior of its wildlife. With their help we developed a better understanding of the environmental conditions and events that governed the arrival and departure of various species of birds, fish, and the whales. Living at the lagoon was for us a process of re-establishing a long-lost connection with the natural world and re-connecting us to ourselves and our true nature.

We can only surmise that ancient peoples traveled seasonally from the mountains in the east to the coastal lagoons and foraged for the abundant fish, shellfish, turtles, seals, and sea lions that could be found along the shores. No doubt, they also hunted for game across the region. The contents of the shell middens clearly indicated that shellfish were abundant, as would have been flounder, sting rays, and other fish in shallows, all easy to collect during low tides as they are today. Ancient peoples would likely visit these coastal lagoons to collect salt and seafood, and the evidence all around us indicated the Crystal Bluff campsite was a favorite that had been used extensively over time. Now, as we watched a mother and calf gray whale move leisurely up into the northern basin of the lagoon, we wondered what those ancient people thought of these immense animals that visited the lagoon during the winter. Were they like ourselves also curious about the whales?

We would return to Crystal Bluff many times over the years to count whales in the upper lagoon. We often sat atop the bluff without speaking for prolonged periods: sitting in the silence, listening to the wind's songs, and looking out over the desert, imagining a pre-historic family camped below, collecting shellfish, marveling at the seasonal appearance of the whales—much like the whale-watchers of today.

## The Main Attraction

The footsteps of ancient peoples visiting the lagoon were followed by Spanish missionaries and explorers looking for treasure and suitable harbors for their trade galleons that navigated the Pacific. They were followed by nineteenth-century whalers that exploited the gray whales for profit, and nearly exterminated the species. Now whale-watching ecotourists flock to the lagoon to experience living whales and re-connect with their inner "wildness." We are the most recent assemblage of visitors to the lagoon. And we continue to feel the presence of something special there. We continue to feel a respect for this place, and for those that came here before us.

Clearly the gray whales are the main attraction for today's whale-watching ecotourists. Without a doubt it is thrilling when a large, wild, free-ranging gray whale appears to be interested in humans in boats. For some, such encounters have become life changing events, and resulted in some novel and creative means of expression. Efforts to connect with the whales have included musicians that played cello and flute to the whales, and modern dance troupes that performed on floating stages. Some have brought crystals along in whale-watching boats that they believe will enhance communications with the whales. Be that as it may, the whales of Laguna San Ignacio have a transformative power that gives the visitor an appreciation for the magnificence of these large cetaceans that is unequalled by any other whale-watching experience.

## What Are Gray Whales?

The gray whale (*Eschrichtius robustus*, Lilljeborg 1861) is the only living species in the family *Eschrichtiidae*, and is currently found only in the North Pacific. This mysticete or baleen whale's morphology and behavior reflect a natural history adapted to seasonal migrations in relatively shallow continental shelf waters between subtropical aggregating and breeding areas in winter, and cold temperate feeding grounds in high latitudes in summer. Gray whales are specialized for suction-filter feeding on the bottom of the seafloor. The fossil record indicates that the family arose in the Mediterranean Basin during the early Pliocene about 3.6-5.3 million years ago, and radiated into what became the Pacific Ocean and the Atlantic Ocean. The earliest modern gray whales are known from the Late Pleistocene fossils dating from 500,000 to 220,000 years ago discovered in California.

Gray whales are medium sized baleen whales that grow to 13-15 meters in length, and weigh 16,000 to 45,000 kg as adults. They are slow swimmers moving at an average of 6-7 km/hour. Initial age estimates were derived from growth layers in the waxy earplugs in the auditory canal of harvested whales, and suggested that males and females could live 40-60 years, although one 15-meter (49 feet) mature female killed in the 1960s was estimated to be a minimum of 75 years old and pregnant. Females can produce a calf every two or more years. The analysis of historical and recent photographs of living gray whales in their wintering and breeding lagoons of Baja California, Mexico indicate that some individuals have been returning to these aggregation areas for decades, are at least 45-50 years old, and in the case of females are continuing to reproduce.

At birth their skin color is mottled light to dark grey with white-to-cream-colored blotches. Over time they acquire white scars from injuries and from barnacles that attach themselves to the whales. The barnacles (*Cryptolepas rhachianect*) are found only on gray whales. The whales are also host to three species of cyamids, or whale lice (*Cyamus scammoni, Cyamus kessleri*, and *Cyamus ceti*). These symbiotic invertebrates feed on sloughing skin around barnacles, blowholes, and in skin folds. They may be a benefit to the whales by swarming into fresh wounds and removing necrotic tissue.

Like all baleen whales, grays have a double blowhole, or nares, located on the top and rear of their head. Coarse, cream to pale yellow colored baleen grows from the roof of the upper jaw, and there can be 130-180 individual plates 5-40 cm long suspended from each side of the palate. Remnants of mammalian hair are represented only by individual vibrissae that emerge from follicles on the rostrum and chin areas. Their throat typically has 2-7 short, deep, longitudinal creases that allows expansion of the gullet when feeding.

Instead of a dorsal fin, gray whales have a hump of variable size and shape, located on the back anterior to the base of the tail, which is followed by a series of characteristic fleshy knobs, or "knuckles," along the dorsal ridge of the tailstock. Their flippers are relatively short and paddle shaped. The flukes of adults are broad (3.0-3.6 m) and are frequently lifted before a deep dive. Unique to grays is a 10-25 cm wide "tailstock cyst" of unknown function on the ventral surface of the tail. Their exhalation or "blow" is typically 3-4 m high, heart-shaped, and bushy to columnar.

## Who Are the Modern Gray Whales?

The two most powerful and informative research methods used to study living gray whales in Laguna San Ignacio are 1) boat surveys to document and track seasonal whale abundance and distribution in their wintering lagoons and aggregation areas, and 2) photographic identification surveys that utilize the naturally occurring markings to identify and document the movements and reproductive histories of individual whales over time. Over the years the analysis of these data illuminated many previously elusive aspects of the gray whales' natural history, biology, and behavior.

Each autumn, the Eastern North Pacific gray whales leave their summer feeding grounds in the Bering, Chukchi, and Arctic Seas and migrate southward 6,000 km or more along the Pacific coast of North America. They aggregate in three principal sheltered bays and lagoons along the Pacific coast of Baja California to court, mate, and birth their calves. These are: Laguna Ojo de Liebre (also known as Scammon's Lagoon); Laguna San Ignacio; and portions of the Bahía Magdalena complex. This annual southward migration along California is in full swing by late December, and by early January the whales begin to arrive at the wintering lagoons in Mexico.

### Boat Surveys

During the winters from 1977 to 1982, Mary Lou and I developed a boat survey to estimate the number of whales utilizing the lagoon each week. These same surveys are used today and tell us volumes about how the gray whales use this lagoon during the winter months.

Whale counts increase through January and peak in late-February to early-March. By late-March to early-April most of the whales have left the lagoon and are migrating north to return to their summer feeding areas. The lagoon area nearest the entrance to the ocean is occupied mostly by adult whales without calves, cavorting with each other for mating opportunities, and moving in and out of the lagoon with the tides. Females with calves prefer the interior areas of the lagoon, where they move quietly about the channels and shallow water. At peak season as many as 200-300 adult whales and their calves can be found inside the lagoon.

### Photographic Identification

They say a picture is worth a thousand words, but with respect to the use of digital photography as a research tool for gray whales, I would argue a million or two words is more apropos! When Mary Lou and I began our research in 1977 our friend Jim Darling had been photographing gray whales off Vancouver Island since the early 1970s, and he came to visit us. He told us that the distinctive permanent markings on gray whales could provide reliable information on the behavior and movements of each individual whale year after year, and unlike artificial tags, natural markings were permanent. We immediately started photographing well marked whales, and have continued to do so ever since.

Over the years our expanding photographic identification catalogs have yielded revelation after revelation about the nature of gray whales. By re-identifying individual whales from photographs, each winter we've come to better understand the duration of residence of a whale in a particular lagoon, how many times it has returned to that lagoon ("fidelity"), the interval between birthing calves for breeding females, movements and exchanges of whales among the winter breeding and aggregation areas of Baja California, exchanges and migrations of Western North Pacific gray whales with the Eastern North Pacific population and, in an interesting twist of fate, we've been able to estimate the minimum age of living whales.

Let's start with estimating the age of a whale. Prior to the advent of Photo-ID methods, whale ages were estimated from harvested dead whales by examining their wax earplugs which, like trees, form a new layer each year. For breeding females, counting the number of *corpora albacantia*—or scars formed in the ovaries with each pregnancy—was used as the basis for age determination. But this was for dead whales. Could we do better with our collection of living whale photographs?

Fast forward to 2015 when we were moving from Florida to Maryland on the east coast of the U.S. We had a number of boxes full of old 35-mm slides of gray whales taken during our research in Laguna San Ignacio from 1977 to 1982. The boxes were heavy, and I was loathe to move them to our new home and wanted them out of our lives. Mary Lou, on the other hand, was firm in her policy that "You never get rid of original data, because you will never again be able to collect it." So, we compromised. We obtained a photographic slide scanner and made digital copies of the 200 or more slides that had retained clear images. We sent these to Dr. Sergio Martínez-Aguilar, our field research chief and manager of all the photo-ID data from the lagoons. I asked Sergio to take a look at these photos, and all the while I expected all of these whales were long deceased. However, he might spot some matches with whales we had photographed in the past. He responded the next day and informed us that in his preliminary review of the digital images from 1977 to 1982 he had discovered 15 matches. I asked, "Matches with what?" He replied, "...with gray whales we've photographed in Laguna San Ignacio during the last three winters." I was astounded, and amazed that any of these whales could still be alive. Additional matches of photographs with these "old timers" continue to be discovered with each new winter's photographs.

Now if you do the math, say for a female we photographed in 1977 with a calf, this whale had to be at least 7-9 years old (or older) to reproduce. If she was re-sighted most recently in 2022, that's 45 years between the first and last sighting, plus 7 to 9 years for minimal breeding age, making this whale at least 52 to 54 years old. And she is continuing to return to Laguna San Ignacio to bear calves. We now have 30 or more such sighting histories of gray whales whose estimated ages range from the mid-40s to the mid-50s. In addition, for females, by comparing the number of years between the first photographed sighting and the most recent, and the number of intervening years that whale was observed with a calf, we can estimate that female's "calving interval," which is a powerful index of the reproductive health of the whale, and collectively for the population.

By carefully noting which females had calves each year of our study, Mary Lou confirmed that during the period from 1977 to 1982 most females give birth to a calf in alternate years, or 2.1 years on average, although females may rest two or more years between calves. Sergio's analysis of photo-ID data from 2006 to 2022 indicates that the calving interval for gray whales in Laguna San Ignacio has increased to 2.4 years, suggesting a slowing of the whales' reproductive rate in recent years.

But there's more. Within a winter season the period of time between the first and last sighting of a whale can give us an estimate of the duration of time that whale was in the lagoon for that year. We learned that the stay for a single adult during the period from 2010 to 2022 ranged from 5.2 days to 16.3 days. In contrast, females with calves stayed from 24.5 days to 39.1 days in the lagoon. This seems logical, because a mother whale with a newborn calf probably spends longer periods in a comfortable location with her calf while it is growing and gaining strength for its first spring northward migration to the Arctic.

Another surprise came with the photographing of gray whales that had apparently migrated from the Western North Pacific to the North American coast and migrated south to Baja California. It was believed that there were two populations of modern gray whales in the North Pacific: Western North Pacific with about 300 individuals that range along the Asian Pacific coast, and critically endangered; and the Eastern North Pacific that numbers between 14,500 and 25,000 and ranges along the west coast of North America. In recent years some Western gray whales have been photographed within the Baja California wintering lagoons of the Eastern population and on the feeding grounds along the eastern coast of the Kamchatka Peninsula. This shows that both populations mix to some degree, and perhaps interbreed, raising a question about the continued existence of a distinct Western population.

As of 2023, 51 individual gray whales photographed in the wintering lagoons in Baja California have been matched with whales from the Western North Pacific populations. Of these, 11 were seen with calves, supporting speculation of interbreeding.

Some gray whales continue to occasionally strand or are incidentally killed in coastal fishing operations along the Asian Pacific coast, suggesting that Western gray whales, while low in numbers, are still migrating to some yet to be identified winter breeding and calving areas along the Asian coast.

## Mothers and Calves

The bond between a gray whale mother and her calf is most impressive, and most intriguing, if not well understood. Imagine a newborn gray whale measuring approximately five meters birthed into water with visibility of less than one or two meters at best. Its mother is approximately 12 meters long, and never entirely visible to the calf. The first thing the calf must do of course is get a breath of air, requiring it to find the water's surface, often with the mother's help. Limp and wiggling, the calf continues to make physical contact with its mother, and this is when a critical bond must begin to form. From the moment it is born, the calf cannot see its mother in her entirety. Yet she produces sounds the young calf can recognize and use to establish a bond. And when poked in the right place, the mother offers a nipple to feed the calf.

When mom decides to move, the calf continuously maintains physical contact and is pulled along by the slip-stream created by the mother's body moving through the water. Besides this tactile communication, we know that gray whales vocalize in very low frequencies and are capable of making at least 12 distinct calls. Thus, we assume that during its early development, the calf will imprint on these sounds from its mother, and go where the sounds go. What each call type may mean remains an active area of research. However, when a mother whale decides that it is time to leave, or feels the need to retrieve her calf that has wandered too far away, the calf responds almost instantly. Sound must be the primary line of communication between mother and calf.

The calf will remain by the mother's side until it grows sufficiently strong and capable of swimming by itself. This generally requires only a few weeks, since gray whale calves grow incredibly fast when nourished on milk that is 60% butter-fat, one of the richest milks known of all mammals. Calves frequently nurse; in fact, they never seem to rest at all. Judging from splashing and blowing sounds at night, calves appear to be continuously active. Their mothers, on the other hand, often appear exhausted as they rest motionless at the surface, presumably "sleeping" while their calves continue swimming around and exploring their new water world.

The calf is curious about all things—floating driftwood, balls of seaweed, even dolphins and sea lions. It is believed that this innate curiosity is how young mammals learn about their environment: what is safe to check out, what is potentially dangerous, or even lethal. This early learning period and curiosity could explain why we see all too often young calves tangled in fishing gear and dragging around traps and floats. For a fortunate few, we've been able to remove the offending lines and floats and save them from a slow death. It is equally plausible that this curiosity leads to the behavior of "friendly" whales. Friendly whale encounters often involve mother-calf pairs, with the calf leaving its mother to investigate a boat full of whale-watching tourists. Sometimes, despite the calf's interest, it is re-called by its mother and the two leave the area. Other times, the mother will allow the calf to investigate a boat, and even accompany the calf during prolonged encounters.

## Courtship and Mating

At the period of peak abundance of whales in the lagoon mothers and their calves tend to segregate away from areas predominated by adult whales that are courting and mating. Some adult whales, presumably males, will pursue and harass female whales with calves, perhaps hoping to separate the mother from her calf and mate with her.

Gray whale mating can be a very active affair often involving several adult whales (males and females) rolling and thrashing at the surface, as males compete for position and the opportunity to mate with a female. Gray whales are "polygynandrous" (multi-mate) breeders, with both males and females mating with multiple partners. Females must conceive during a limited time window if they are to successfully birth their calves 12 months later in the sub-tropical waters of Baja California, rather than in the colder Arctic waters of their summer feeding grounds. Mating with multiple males helps to ensure that conception occurs during the winter at the right time, and that the birth will occur a year later in the right place to enhance the survival of a newborn calf.

## Threats to Gray Whales

The gray whales' only natural predators are killer whales (*Orcinus orca*), and presumably some sharks. Photo-ID data indicates that approximately 35% of the gray whales we see in the lagoons bear rake-mark parallel scars characteristic of killer whale attacks. Historically orcas were not believed to enter the shallow wintering lagoons of the whales. However, in recent years, groups or "pods" of orcas have entered Laguna San Ignacio and killed resident bottlenose dolphin (*Tursiops truncates*).

As a coastal species, gray whales migrate past major west coast cities and ports, and must navigate their way through major shipping lanes to avoid collisions with freighters. Industrial shipping, military exercises, and offshore mineral exploration produce low frequency noise pollution that compromises the whales' ability to navigate and communicate. Alongshore there is the threat of entanglement in fishing nets and lines, and pollution from major centers of human habitation.

Most recently, accelerated climate change has adversely affected the distribution and availability of the gray whales' principal food sources in the higher latitudes, including the Arctic. Evidently this has contributed to an increase in skinny and emaciated whales observed in the whales' wintering areas. Beginning in 2019 and continuing through 2023, malnourished gray whales were dying in such elevated numbers throughout their migration routes along North America that the U.S. National Oceanic and Atmospheric Administration (NOAA) declared an "Unusual Mortality Event." Coincident with elevated strandings, gray whale calf production declined significantly. Because the whales do not feed during the winter, they must find reliable sufficient feeding areas in summer to regain their body fat and energy reserves to complete their migrations and reproduce in winter.

A decline in prey production combined with restricted access to or absence of historical feeding areas could disadvantage breeding female whales by not allowing them sufficient energy to conceive or bring a calf to term. Only time will tell if the impact of climate change on Arctic productivity will continue, endangering gray whales and other marine species that rely on those seasonal food resources to survive. While definitive contributors to the mortality event could not be determined with certainty, observations in the wintering areas in 2023 indicated that fewer whales were showing signs of nutritional stress, fewer whales were stranding and dying, and the number of new calves seen in the wintering lagoons was slowly increasing. These reports suggest that the gray whales may have begun their recovery from the mortality event of the previous five years, with the current population estimated to be 14,500.

Studies from the 1960s suggest the gray whale population may cycle through periods of growth, and then decline every ten years or so as their numbers exceed the available food resources.

We do not know if climate change will permanently diminish the marine food chains that gray whales need to survive. If so, will the whales successfully adapt to these ever-changing conditions in their ocean environment as they have over the millennia? Maybe this is why they are called "*robustus.*"

## What the Future Holds: Seeking a Balance

*You can save a place, but it is never really safe. It always takes people caring, it always takes vigilance, it always takes effort, to keep those forces at bay that want to crowd in, that want to over-commercialize it. Once it's ruined, it's ruined. But once it's saved, each generation has its duty to keep it safe.*

— Dayton Duncan

Because they have become such a popular destination on the world's bucket list of "must do" ecotourist adventures, a looming threat to gray whales is the growing number of commercial whale-watching operations throughout the whales' range. Of particular concern are ecotourism operations focused on gray whales in their winter breeding and calving areas along the Pacific coast of Baja California, Mexico. Initially Mexico led the way to protect these areas from over development by creating federally protected areas in the two largest aggregation lagoons: Laguna Ojo de Liebre in 1972, and Laguna San Ignacio in 1979. In 1988 Mexico established the Vizcaíno Biosphere Reserve which included both lagoon areas and created the opportunity for whale-watching based ecotourism to develop.

The ecotourism companies operating in Laguna San Ignacio formed a cooperative, the Asociación Rural de Interés Colectivo (ARIC), to develop a management plan and guidelines for sustainable whale-watching ecotourism in the lagoon. Key features of this plan included a specific zone where whale-watching was permitted (the third of the lagoon nearest to the ocean), a limit on the number of whale-watching boats that could operate in this zone at any time (16 boats), a limit on the length of each whale-watching excursion (90 minutes), and a sanctuary for the whales where whale-watching was not permitted (the interior two-thirds of the lagoon). This management plan remains largely in place today.

The success of ARIC reflects the dedication of the ecotourism operators and the local community of Ejido Luis Echeverría Alvarez to be stewards of the ecosystem and to set an example of maintaining a balance between ecotourism, community development, and biological integrity of the whales' lagoon habitat.

After a slow start, the ecotourism programs took off in the late 1990s and in recent years multitudes of visitors from all over the world travel each winter to Laguna San Ignacio by boat, plane, or over land to view gray whales from locally owned and operated *pangas* (small boats) staffed by professional boat operators and naturalists. The popularity of gray whale ecotourism is driven in part by the phenomenon of friendly or curious gray whales that approach and interact with whale-watching boats and their passengers. The prosperity of these local businesses now provides the economic incentive to preserve and protect the lagoon habitat as a world class wildlife experience attracting visitors from every continent.

But with success comes more demands on the resource, and increased pressure for the ecotourism companies to host greater numbers of visitors, especially during the peak whale-watching season from mid-February to mid-March. To their credit, most operators maintain an awareness of the needs of the whales as well as the desires of their guests to get close to the whales. Overall, boat operators continue to show responsible behavior around the whales, and to provide interludes for the whales to be by themselves to nurse and rest.

Organizations like ARIC and Mexico's federal and state authorities continue to manage whale-watching ecotourism in Laguna San Ignacio, so as to benefit the whales as well as the local community. To that end, periodic adjustments to the management plan for this protected area may be required in the future.

## My Life and Dedication to Gray Whales

> *The wilderness, rough, harsh, and inexorable, has charms more potent in their seductive influence than all the lures of luxury and sloth, and often he on whom it has cast its magic finds no heart to dissolve the spell, and remains a wanderer and an Ishmaelite to the hour of his death.*
>
> — Francis Parkman

What began as a scientific investigation to describe the status of gray whales and whale-watching in Laguna San Ignacio, has transformed into a personal commitment as a scientist to inform and encourage the community to support the conservation of this most unique of marine environments, including the gray whales.

Each year around mid-November I begin preparations for the coming winter gray whale research season, and a refreshing of my soul. I sense that it has been entirely too long since I felt the wind in my face, heard the cry of the osprey, or the cackle of the Brant geese. I long to replace the incessant ringing noise of the city with the sound of a lizard scurrying across the sand. Too long since the flapping of my tent in the wind lulled me to sleep under a multitude of stars. Too, too long since I was startled by the unannounced blast of a whale's blow as it exhaled behind me and showered me with its mist of sea water.

The lagoon is a place I can learn from, I can feel empathy for, and that I can grow from spiritually. All my life I have yearned for an existence connected to the natural world, and to visit natural places from time to time to recharge and renew my spirit. A college professor of mine put it this way:

> Society does not place much premium on nature and awareness of wild places because modern conveniences have taken away its survival value. But we pay an unseen price for our comforts: Our senses like unused muscles either weaken and atrophy or are never developed to their full potential.

Perhaps this tension between the comforts of urban life and life in the wilderness is what guided me to pursue a vocation in the natural sciences, and ultimately to study the gray whale. To know them, you must go live with them. Going to wild places is essential to my vocation as a scientist. Such excursions were a deep inspiration in my early life, and later a necessary and welcome requirement of my job. I have specially valued my times at sea, since the vastness of the oceans provides me with a sense of calm, personal tranquility, and, strangely, of control of my destiny—even during storms.

My time with gray whales has provided a window into the lives of one of the most magnificent and most elusive life-forms with whom we share this planet. Each winter's observations bring new understanding of how the whales live, play, and change. They seem to possess collectively a deep wisdom of the ways of the natural world. I've been fortunate to learn about them, and fortunate that they let me learn from them.

With each approaching winter I look forward to my return to Baja California to spend time with my extended family of university scientists, ecotour operators, naturalists, *pangueros* (boat drivers), as well as with the local community of people that live in Ejido Luis Echeverría Alvarez and the pueblo of San Ignacio. And I look forward always to being with the whales again. My early mentors Raymond Gilmore, Laura and Carl Hubbs, and Kenneth Norris always encouraged us to do the work we must do to appreciate the gray whale and every life form we encounter. Now, we have come full circle. We are the mentors working with young, motivated, and enthusiastic university students and their professors, as we study together the whales and the lagoon. This collaboration is a true inspiration and joy for me.

Each day I spend at Laguna San Ignacio, I am thankful to have the chance to understand more about the natural world and our place in it. Sadly, I am often overtaken by the reality that in my lifetime alone I've witnessed behavior that portends our own self destruction, as we dismantle the biosphere. Our Earth is relatively small. Our civilization is one of misguided arrogance and hubris, insatiable consumption, and the wholesale destruction of natural environments. Every life form deserves the chance to thrive on a healthy planet. Fortunately, my time spent in wild places renews my sense of hope that we can do better, and gives me the energy to try harder. The gray whales have the power to reawaken in us a deep connection with the natural world. If we are to save our humanity, we must live in balance with the natural world and the creatures we share it with.

Is ecotourism one viable alternative to achieve that balance? The potential is undeniably there. Laguna San Ignacio, its gray whales, and other marine life are gifts to humanity that need a guardian, a protector from the relentless onslaught of human development. Ejido Luis Echeverría Alvarez has established an economy based on sustainable, low-impact ecotourism for whale-watching, and this accomplishment should be recognized and celebrated. They have created something extraordinary that can be passed on from generation to generation. It can continue to provide for the needs of their community, and, as well, satisfy the longing of visitors to reconnect with wildlife and wild places. So long as the locals have sufficient means to resolve the challenges of daily life, they will be able to continue their vigilant protection of a natural area of outstanding value and rarity.

## Suggested Reading List

Serge Dedina. 2000. *Saving the gray whale: People, politics, and conservation in Baja California.* University of Arizona Press, Tucson, Arizona. 186 pp.

Mary Lou Jones, Steven L. Swartz, and Stephen Leatherwood (editors). 1984. *The gray whale: Eschrichtius robustus.* Academic Press, Inc. Orlando, Florida. 600 pp.

Roderick Nash. 1967. *Wilderness and the American Mind.* Yale University Press. 256 pp.

Dale W. Rice and Allen A. Wolman. 1971. *The life history and ecology of the gray whale (Eschrichtius robustus).* American Society of Mammalogists, Special Pub. No. 3. 142 pp.

James Sumich. 2014. *E. robustus: the biology and human history of gray whales.* Whale Cove Marine Education, Corvallis, Oregon, U.S.A. 199 pp.

Steven L. Swartz. 2014. *Lagoon Time: A guide to gray whales and the natural history of San Ignacio Lagoon.* The Ocean Foundation, Washington D.C. 201 pp.

# PEOPLE

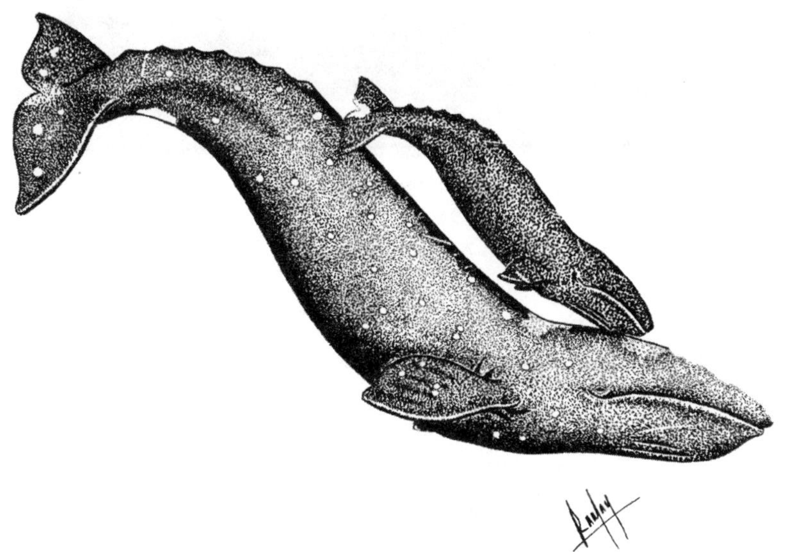

*Pancho and his mother, Carmen*

**Jose Francisco Mayoral** ("Pancho") was born in 1972 and raised on the shores of San Ignacio Lagoon, Baja, California Sur, Mexico. In 1995 he attended a Nature Guide Training Course with RARE Conservation. Not long afterwards, he quit fishing and focused on kayak guiding in the Sea of Cortez. In 1998 he got involved with The National Outdoor Leadership School (NOLS) as a kayaking field instructor in Baja and Alaska. Pancho got married in 2001 and lived for several years in Loreto where his two beautiful daughters, Sierra and Celeste Mayoral, were raised bilingual. In 2011 he moved to California where he worked as crew for Island Packers, transporting passengers to the Channel Islands National Park. By the end of 2011 he received his 100-ton captain license, which he still holds. When not transporting passengers to the islands, he also whale watches in the Santa Barbara Channel. In 2018 he re-engaged with the whale-watching family business, Pachico's Ecotours, running reservations and operations during the season (pachicosecotours.com). In 2022 Pancho started Legacy Whale Tours, looking to expand on whale experiences, and by 2024 he will be offering new adventures swimming with humpback whales in Tahiti (legacywhaletours.com). His dream now is to keep looking for meaningful experiences with different species of whales in different latitudes around the world.

# A LOCAL'S PERSPECTIVE

## Pancho Mayoral

TRANSLATED FROM SPANISH BY
CLAUDIA MAGANA AND REGINA LOBO BARRERA

From my birth on February 22, 1972 until November 1998 I lived at Laguna San Ignacio. Now I visit more frequently during the winter to participate in the gray whale-watching family business. I live in the state of California for the majority of the year.

Being born and raised in San Ignacio Lagoon, I always felt like the lagoon was mine. Or better said, ours. Without doubt the lagoon was ours at some point. My mother's family, the Aguilars, established roots in the 1800s, when my great-grandfather, Tata Vicente, founded the fishing camp. Tata Vicente was the father of my grandfather Tata Domingo, who married Nana Catalina. They were my mother Carmen Aguilar's parents.

Tata Vicente brought his family to the lagoon when the situation was difficult at their ranch in the Baja desert, where rain is not consistent. During the cold and windy season they would move inland away from the coastal areas. Part of my mother's family life on the ranch included raising cattle, mules, donkeys, and goats. As a means of survival, they would move from different ranches that had belonged to the family for generations, depending on the availability of fresh water.

One of these ranches, known as El Tonelito, was the closest to the lagoon. The water source at El Tonelito was dependent on the rains and the flow of the arroyo (dry river bed). During hurricane season, with the torrential rains the ponds would fill up and could provide several months of water to sustain the animals and ranchers. El Higuerilla ranch was further away from the coast, in the drier desert; however, it had wells that were carved out by the family and could provide water when the clouds neglected to do so. And further south there was Rancho Los Cuarenta, where Tomás Aguilar's (Dona Carmen's brother) family members still live.

During the warmer seasons the family spent more time at the lagoon and they dedicated their time primarily to the capture of turtles using small wooden boats, whose only means of propulsion were to row or sail. In time they modernized and learned to build lobster traps, and to fish for the coveted black sea bass.

My mother Carmen Aguilar has celebrated her 90th birthday and has lived in Laguna San Ignacio all her life, with the exception of one year in Santa Rosalía when she was first married to my father, Pachico Mayoral, who arrived at the lagoon in 1962 and established himself there.

Carmen and Pachico raised six children. In order from oldest to youngest they are: Anselma, Ranulfo, Ángel, Moni, Pancho (myself), and Jesus. Carmen was the only one in her family to continue with the tradition of using and understanding medicinal plants—a tradition that was passed on from her ancestors. Carmen has been a *partera* and *curandera* (midwife and healer) in the region her entire life.

I never knew about Band-Aids until I attended elementary school. When someone hurt themselves, Carmen would cut thin layers of *garambullo* (old man cactus) and use this to cover the wound. It didn't need any cleaning later. She then applied gauze and bandages, leaving the old man cactus pulp over the wound. This was not a treatment that needed to be repeated, it was a one-time cure. While the wound was open the cactus would adhere to the moisture of the wound. The cactus prevented infection, promoted regeneration of the skin, and created a barrier to prevent dust or any other impurities to enter the wound. Once the wound had closed and healed there was no moisture left and the cactus would dry up and fall off without any problem. When someone suffered from a stomach ailment—they hadn't invented Pepto-Bismol yet—Doña Carmen would brew a tea from coconut husk, cilantro seeds, orange peel, and chamomile.

Tío Chema, my mother's youngest brother, has lived his entire life at the lagoon. He combined his skills as a fisherman with business. For many years he was one of the only vendors of gasoline in the region; at other times he had a small store that provided all the basics. In addition, he also became the local pawn shop, offering loans. He was undoubtedly the local businessman. The majority of the money that was circulating in the lagoon sooner or later passed through Chema's businesses.

Chema was the first to acquire a radio in the region and for many years he was the source of news for all of us. This was before telephones. Being the local news became a pastime and resulted in him being the one to communicate good news as well as bad news to this fishing community. His call name was "Laguna 2," since Pachico claimed "Laguna 1," and when Steven Swartz initiated the gray whale research at the lagoon in 1977, he joined the communication network as "Esteban Experimental." Chema worked many years under my father Pachico's permits for whale-watching.

My first job was with Tío Chema unloading merchandise from a truck used for transport from the pueblo of San Ignacio. I also worked with Tío Chema as a lobster fisherman. Although I was fishing with my father prior to that, I recall fishing with Tío Chema as my first official job. This was because it was the first time someone had actually paid me for the work I was doing. Obviously, since Tío Chema had the only store in the community, he always ended up re-collecting my money sooner or later.

One month before I was born, we had a new addition to the family: Santos Luis Pérez Delgado, who tried several times to cross the border to the U.S. and was sent back just as many times. He finally gave up trying to reach the American Dream. In Tijuana, he decided to try his luck in his own country and see what that dream could be. He was originally from Teocaltiche, Jalisco; however, due to family conflicts he decided to venture onto new horizons.

First, he found work with Don Faustino Lara fishing for clams in San Quintin. Later he ventured further south with a team of *almejeros* (clamsmen) and worked for a good while at Punta Abreojos. When Faustino decided to return north, Santos Luis decided to try his luck at Laguna San Ignacio. When he arrived to camp my father needed a fishing assistant; he never imagined that Santos Luis would also fulfill the role of friend, drinking companion, *pilmama* (babysitter) to the Mayorales, and chosen member of the family.

Oarlocks were an essential piece of equipment since the primary source of propulsion was rowing. In Spanish oarlocks are called *"chumacera"* and Santos Luis found it one of the funniest words ever. Soon it became his nickname—"Chuma" for short—that he carried until his last breath in this world.

By the time I was born, "El Chuma" was already part of the family and I never saw him any other way. He was a sort of older brother for myself, although he was the same age as my father. Chuma was with Don Pachico during that first friendly encounter with the gray whale in 1972 as described in Paula McDonald's article for *Reader's Digest*, and also corroborated by interviews and documented by articles, and on video, by different programs on the national and international level.

Chuma visited once in a while with his relatives in Guaymas, Sonora; however, he would always return to the lagoon sooner than expected. Perhaps he had finally discovered the promised land he had been looking for, for so long. Perhaps it was the peace, work, food, beer, family, and friends. Santos Luis—Chuma—is part of the history of Laguna San Ignacio. These are a few of his local sayings that are still used in the area:

—*"No te vayas Luis."* (Don't take too much, or don't exaggerate.)

—*"Lo diras por pabla pero..."* (You might think I am lying but...)

—*"Despues de muerto pa'que son calzones."* (Don't wait until you're dead to do something about it.)

Life at Laguna San Ignacio was very different back then. The two principal factors that would come to change this rhythm of life, without any doubt, were the construction of the road from the town of San Ignacio and the development of ecotourism around the gray whale.

From the 1950s until 1980 there was only one road to the lagoon. It did not lead directly to Laguna San Ignacio but rather connected various ranches in the region, and eventually came to the lagoon. All in all, the journey took four to six hours. In 1980 a dirt road was developed to link directly the town of San Ignacio and the lagoon, shortening the drive to only one or two hours, depending on the vehicle. Today, fifty of the sixty kilometers from the town of San Ignacio to the lagoon are paved and the journey takes less than fifty minutes.

More than the road, the modern history of Laguna San Ignacio changed because of a single, important event: the first peaceful interaction between humans and the gray whale in the lagoon.

Since the 1900s, whale hunters from San Francisco, California had come to the lagoon to hunt the so-called "devil fish," such was the reputation the gray whale had for protecting their young so aggressively. While defending themselves and their young against the violence of the whalers, the whales sometimes damaged the whaling fleet and occasionally even the whalers. Because of such encounters, local fishermen came to fear the legendary "devil fish."

Back then, whalers hired local fishermen on occasion to repair the wooden barrels used to store whale oil, because only the locals could find proper wood in the barren desert.

By 1947 the gray whale was under protection in Mexican waters, but local fishermen were still sharing stories and fears about the aggressive whales in the 1970s. During the winter, when the whales were present in Laguna San Ignacio for mating and birthing, the local fishermen would make loud sounds in their wooden boats to drive the whales away, which worked very well. This became a common practice during the winters to avoid confrontation between man and whale, until...

*One day in the winter of 1972, Pachico Mayoral and Santos Luis distractedly fished for black sea bass and forgot to make noise to drive away the whales. Suddenly they realized an adult whale was presenting itself below their 18-foot wooden boat.*

*In those days we were unaware that the gray whale could interact peacefully with humans, since decades prior they were chased by deadly harpooners whose purpose was to fill their barrels with oil to sell. Up until this moment, an encounter between humans and gray whales meant death. Surprised by the whale, the two fishermen thought their lives had come to an end. Not knowing what to do, they remained immobile, at the mercy of the "devil fish" under their boat. The moment of terror was overpowering, since the animal was twice as big as their boat. After a few minutes—which seemed an eternity— Pachico became aware that the whale was not at all aggressive in the way the hunters' stories depicted. It simply demonstrated curiosity about these two humans who did not resemble their ancestors with harpoon in hand. Perhaps this was the moment when the grays decided to forgive the humans—to offer themselves in friendship.*

*As many now know, the sensation is huge when you encounter this oceanic giant face to face. Once the fear has passed, there is an intrigue that creates curiosity: with a combination of timidity and mischief, Pachico touched the whale with the tip of his fingers. It did not seem bothered, so Pachico extended his hand and touched it again. The whale kept calm and still; and it made visual contact with Pachico. In that moment, Pachico understood: this is forgiveness from the Giants. Moved, Pachico began to pet the whale like someone caressing their newborn.*

*"You touch it, Chuma!"*

*"I'm not gonna touch that animal! What if it turns over our boat?" Santos Luis could not overcome his fear of the whale and withheld his touch—that time.*

*After the encounter Pachico could no longer continue fishing, so they returned to the fishing camp. They told of the event to the small community of fishermen, composed of three families during that time. Initially no one could believe it. In the subsequent days Pachico's curiosity would drive him to find out if the encounter had only been an accident. He made his presence known among the whales, and again they came to him in friendship. The Giants seemed determined to establish peace with humans. Even after accepting that these adventures of Pachico and the whales were a reality, the fishermen continued to believe that what Pachico was doing was insane and would eventually lead one of the whales to finish him off.*

*As he took friends out in his boat to witness and participate in these friendly encounters, word began to spread and soon the number of visitors grew. Initially Pachico only asked for compensation to replace the gas used—he did not see this as work. It was around 1976 or 1978 that Pachico first contracted his services as a boatman and guide for visitors to the lagoon. Over time, Pachico became involved in various other projects related to the whales at Laguna San Ignacio, including helping scientists and documentary filmmakers and giving interviews for numerous national and international magazines and newspapers.*

## Growing Up at the Lagoon

When I was growing up at the lagoon, seven years old was the age to start school. But when I turned seven, there was no school at Laguna San Ignacio. The closest school was in the town of San Ignacio, many miles away. Due to a bad experience there, I had to attend a boarding school even further away: in Santa Águeda, eight to twelve hours from the lagoon. The boarding school was run by the state government and part of a system of programs supporting rural communities where resources were scarce. At seven years old, I only visited my family for two weeks at Christmas, two weeks during holy week, and two months in the summer. This was my life, until I finished my schooling at age fifteen.

Although I had learned some basic fishing skills during summer vacations, it was not until the summer of 1987, during my father's hospitalization for several months for serious kidney issues, that I left school indefinitely to fish. I needed to help provide for the family's needs, and my father's medical bills were mounting. I had to fish—for food and also because Jesus and Moni were still in school.

From September through December 1987, I packed fish in freezer trucks to be transported to the northern markets of Ensenada and Tijuana. We had to wait all day for the boats to come back from fishing; then in the evening we had a huge quantity of fish to put on ice. Usually we would not finish until past midnight. This is the worst job I have ever had and the worst part was the pay, which was consumed in one day if I bought one soda, chips, and a chocolate. In January 1988, at the age of sixteen, I quit and began working as a boatman on tourist trips to observe the whales. I had already practiced with my father the previous season. So you could say that I learned directly from the master how to work with the whales.

During the whale season, I noticed that my father and my older brother Ranulfo spoke a little English, enough to communicate with the visitors. I only smiled. If only I would have paid attention in my English classes while I was in school! Ranulfo and Pachico would communicate with the visitors, make friends, and obtain better tips. I thought to myself: I need to learn English.

When I turned eighteen years old my father gave me a boat as a gift, which I named "Susie Q" because it was one of my favorite songs by my favorite band: Creedence Clearwater Revival. I utilized this boat to fish and whale watch until I was about twenty-four years old.

## Fishing

Our fishing life continued. For a long time, the main fishing options were lobster, black sea bass, and turtle. As a child I recall my father bringing back to camp the smaller turtles so that we could play with them, and of course eventually free them. We would hold them with one hand behind their head and another behind the tail. You could basically steer or guide the turtle left, right, up, down. What could not be regulated was their speed, so they would end up escaping—they were turtles, but quicker than us, and we could not control them.

At this time only turtles weighing 30 kilograms or more were commercially acceptable, so my father freed those weighing less than 30 kilograms. A few years later, as the commerce developed, turtles weighing less than 20 kilograms had to be freed. By the time I was fifteen years old and started fishing, only the turtles weighing 10 kilograms or less were freed.

* * *

At the end of the gray whale's mating and birthing season in the spring, it's time to transition from being a tour guide to being a full-time fisherman. The transition can be drastic. During the whale season we waited for the winds to die down, while during fishing season we went to sea and hoped the winds would diminish. If your source of income is fishing, the winds do not deter you from work, unless they are extreme.

To leave the lagoon and enter the Pacific Ocean isn't necessarily easy. It requires a great deal of experience, courage, determination, and need for money. For someone with experience it is not a problem; however, for a novice it can be intimidating and dangerous. For someone who works well with an adrenaline rush, it can be the best way to start your day.

I began to fish the Pacific Ocean in a seven-meter boat with a forty-five horsepower Evinrude. Other fishermen used eight-meter boats with motors that ranged from seventy-five to 115 horsepower. Some of them were impressed with how we managed the waves at the mouth of the lagoon with our tiny Evinrude.

To pilot a fishing boat and sort through the waves at the mouth of the lagoon requires an undisputed level of valor. When you come close to the waves at the mouth of the lagoon, you look for the water with less breakage. That's the deepest part of the channel. When the wave breakage covers the entire channel, you have to confront the white waters or the foam (which does not considerably affect the boat) to get past the next wave before it breaks. Occasionally you realize that you cannot get past it, in which case you make a U-turn as fast as you can. You let it break behind you, then make another U-turn at top speed and try to make a new pass before the next one breaks. Normally you do this same maneuver until you get past the waves before they break, and then you continue until you reach the open sea.

On other occasions, you realize it's too late to make a U-turn and you have no other alternative but to take the wave head-on and jump one, two, or even three meters in the air. Once you have jumped over the waves you are committed, and you continue until you reach the open sea. I really miss this part of my life.

## Transitions

The life of a fisherman can be very liberating and exciting. However, during my time it was a bit frustrating. Because the price of fish is high when there is no stock and the price is low when the fish is in abundance, it sometimes feels as if life as a fisherman is manipulated indiscriminately by the markets. In addition, all the supplies, materials for fishing, outboard motors, etc. are imported at dollar value, but the product is then sold in pesos. Every year there were more debts, without any real progress. In the meantime, hopes of getting ahead went up in smoke.

For a long time, I wanted to make a change in my life, yet I did not know how, since my only ability was fishing (or at least that's what I thought). I had the idea of going out into "civilization" and looking for a job, but I had only reached the second year of middle school and could not aspire to anything more than a minimum wage job. In Mexico such wages are an insult to the sweat of the working class. I felt trapped for quite a few years. Trapped! I felt trapped between need and illegal fishing. This difficult situation is often judged by outsiders who never go to bed on an empty stomach and have no idea what a fisherman faces in order to try and sustain a family. On many occasions when I went out to fish, I knew if I returned with empty hands there would be nothing on the table.

In the spring of 1995, the local whale-watching community was invited to a meeting; for some reason I did not attend. I believe I needed to fish, I had many debts, and did not have time for meetings. My close friend Maldo did attend and when he returned to the fishing camp that afternoon, he shared with us that this meeting was about a guide-training course offered for those involved in whale-watching. Interviews were being held in the town of San Ignacio on July 30th, during the region's biggest festival. Jesus—my brother and fishing companion—and I discussed it, since the course was to be held in the fall—the worst season for fishing—and just before whale season. In addition, they offered participants $200 a month during the three-month course. It looked good, since the fishing was not abundant, and we'd end up in debt trying to find fish that were not there.

We showed up in San Ignacio for the interviews, although the fiestas were definitely a distraction. Maldo had to look for us to participate in the interviews. (Maldo, once again, in case I have not mentioned it enough: thank you very much!) This was the first step that changed my life.

During the interview we met representatives of the program for nature guides for tropical conservation, now known as RARE Conservation. Maldo, my brother Jesus, and I were selected to participate in this training. It was an intense three-month program where we learned English, natural history, skills to be a nature guide, and interpretation of the environment, among other things.

It is definitely worth mentioning that I fell in love for the first time in my life during this course. It was a very special time, a time that was unforgettable for my heart (without a doubt) and caused many bitter tears (also without a doubt). I learned so much, in so many ways; it was a life-changing experience that contributed to who I am today.

About the time we finished the environmental guides course, with a new perspective and fresh vision of the management of natural resources, we learned of the proposal to build a salt plant in Laguna San Ignacio. We had heard about this in the past, but without formal proposals. There were rumors of the expansion and all the "progress" that this would mean for the community. It was said there would be "lots of work" and we would no longer have to rely exclusively on fishing. Of course, these were biased rumors and obviously not analyzed by the locals. Certain information was not necessarily accessible to the locals, so we did not have the basic understanding needed to evaluate and to form specific questions about the project and the possible environmental impact.

At some point around 1994, one of Pachico's schoolmates who was an executive at ESSA, the company operating the salt work in the Ojo de Liebre Lagoon, visited my father to try to convince him of the project's benefits to the community and obtain his support. For this Don Pachico was provided a blueprint for the project. From what Pachico could understand, there would only be a few dozen low-paying jobs for the locals. The majority of the jobs would be for engineers and other professional specialists. It was obvious that the project would mostly benefit people from outside of the area. At the same time, the bulk of the environmental impact would change the lives of the locals in the community.

Pachico recognized that he did not understand what steps were necessary to avoid an environmental impact of this magnitude. He did, however, know who he could share his concerns with and seek advice from: Serge Dedina, who is well known around the lagoon. "Sergio" worked for several years in the area while he completed his thesis about the gray whales. Once Pachico sounded the alarm, Sergio made sure it was heard at a national and international level. The conservationist and scientific communities soon joined forces to bring attention to the grave threat that this development posed to Laguna San Ignacio and the entire ecosystem.

While the salt plant proposal was active, there was a section of the community hoping for opportunities for secure work. They anticipated being able to participate in an international company with stable jobs, benefits, and opportunities that commercial fishing did not offer. Unfortunately, the information received at the local level was minimal and their hopes were not necessarily based in reality. The potential negative impacts of this project would have affected the entire ecosystem of Laguna San Ignacio, the only whale-birthing lagoon in the whole of Baja California that is still in pristine condition. The ecosystem of the mangrove that surrounds the lagoon would have been impacted the most, affecting all types of fish and shellfish—the primary means of sustenance for most residents. The population of whales that visit us for two to three months could have been affected but I am not sure that whales would have stopped coming to the lagoon to pair up and procreate. At Ojo de Liebre Lagoon, for instance, the whales still come even though one of the biggest commercial saltwork plants in the world was built there. The protection that coastal lagoons offer for reproduction is critical to the gray whale's lifecycle; perhaps they would have still come to Laguna San Ignacio if the saltwork had been approved.

Nevertheless, the gray whale was the perfect symbol to capture the attention of international environmental groups, and the final decision to not support the salt production project at Laguna San Ignacio was the best thing that could have happened for the environment and its natural resources, including the gray whale.

## Ecotourism and Regulation

As word of mouth spread about the friendly encounter between Pachico and the whale, the curiosity of Californian explorers was awakened. By the mid-1970s, Suburbans full of tourists and whale-watching boats began arriving, and by the end of the decade safari-style tent camps appeared around the lagoon. By 1980, the clearing of a dirt road made it possible for whale-watching tour operators to expand their businesses.

The rise of tourism and creation of the Biosphere Reserve of Vizcaíno in 1988 changed patterns of activity on the lagoon and those of the Mayoral family. For a time, regulation, politics, and competition made it difficult for local fishermen, including Pachico, to continue operating independently as boatmen and guides during the whale season, when their ability to fish was limited.

Growth in the participation of local and visiting enterprises brought an increase in the number of boats going out for whale-watching, making it necessary to create a plan to manage the activities and impact on the lagoon. This was done in coordination with the scientists who initiated the gray whale research: Mary Louisa Jones ("Mary Lou") and Steven Swartz, who first came to the lagoon in 1977 to work on a doctoral thesis about the gray whale. Of course, they contacted the only local fisherman who spoke a few words of English. This turned out to be the famous fisherman who had the first friendly encounter with the gray whales.

The regulated development of ecotourism with the gray whales definitely offered a viable alternative of work for the majority of the Laguna San Ignacio population. As such, it is the central economic activity for the lagoon in the fall and spring. When the whales arrive around mid-December, the commercial fishermen must end their lobster fishing, as well as their use of nets to gather fish. It is in that moment that they convert to a service-based industry operating the ecotourism camps as administrators, boatmen, nature guides, food service staff, handymen, and suppliers of food and water.

The marine ecosystem has benefited directly, since fewer of the ocean's resources are extracted. Now, there are three months for various species to develop and reproduce. The whales that visit Laguna San Ignacio must recognize the pristine status of the environment, which they sometimes do not have in the lagoons to the north and south. According to scientific studies, Laguna San Ignacio is a sanctuary for the whales because it is a favorable acoustic environment—it is less noisy—than the other lagoons in Baja California. For example, our lagoon does not have noise from the pumping of salt water for the production of salt, as in the north; or from the traffic of large cargo and fishing fleets, as in the south.

### Life at the Lagoon

The rhythm of life at the lagoon is varied. For some it can be very monotonous, while for others it's changeable and unpredictable. At Camp Pachico, we begin the year with the New Year's celebration, and make preparations for the whale season beginning around 15 January when the number of whales is stable. Some companies start sooner, but we consider it disrespectful to open the season when there are only half a dozen whales, and they are looking for rest and refuge in the lagoon after a long migration from the Arctic.

Approximately 60% of the population of Laguna San Ignacio works in tourism, directly or indirectly connected with the gray whales. This is an important means of income for the community. Many of the service workers, including camp owners, administrators, naturalists, maintenance and food service workers, and boat drivers, are members of the local community. Local families, along with others from the surrounding communities, also work directly to provide services. Indirect employment for the community includes the management and transportation of consumables, such as fresh seafood for the various encampments. Employment opportunities derived from ecotourism at Laguna San Ignacio extend to the town of San Ignacio, the gateway to the lagoon, offering services such as hotels, restaurants, and stores for consumable items including water (since there is no potable water at Laguna San Ignacio).

By spring, it is almost the end of the whale season and locals celebrate traditional fiestas of Holy Week, when all of Mexico is in fiesta mode and going to the beach. Once the whales have migrated north, the camps close services while employees collect their wages and unite with the rest of Mexico in the festivities. Some utilize their money very well and save, though it is not necessarily the case for all. Some continue along and follow the fiestas until the last residue of tips has been exhausted, marking the transition to the fishing season. By the second half of April, most have returned to commercial fishing, whether it be fishing inside the lagoon with nets, or casting fishing lines for grouper, sea bass, crab, and shellfish. Others fish in the open ocean, casting net for halibut, guitar fish, angel sharks, sea bass, and yellowtail.

Normally the summer is a better season for fishing. At the start of the season, the catch is slow and prices are higher. By the middle of the season, the catch is higher, and prices are lower (this has been the historical pattern every year). Another challenge that the fishermen have is dealing with hurricanes. These begin in June and they see an occasional one at the end of September or beginning of October. In this region of the peninsula where the desert is so dry, torrential rains from the storms create flash floods that regularly wipe out roads, making it difficult to access basic needs in the towns and take products to market. The local economy definitely suffers a stagnant period for a few weeks.

By fall, fishing in the open ocean has diminished and high-pressure systems move in, bringing prolonged winds from the north and northeast that continue until spring. Lobster season begins the first of October and ends the moment the first whale enters the lagoon in December or January. Another important fishery in the fall is shrimp, which depends totally on the rainfall and streams that come into the lagoon during the summer season.

Fall is when the whale camps initiate maintenance work and repairs as they prepare for the start of the next year to provide services and welcome the whales once again. The large majority wait for the season with much anticipation. There is talk about the number of reservations, hope for a better season than the previous, the price of gasoline, the completion of the road after the latest hurricane, and so forth.

## The Road

The road has been a central influence on the evolution and social development of Laguna San Ignacio.

In the 1800s, when fishermen established areas for turtle fishing, access was on mules or donkeys. Water was carried in wooden barrels. The closest access to fresh water is Rancho El Alamo, which is on the road to San Ignacio. By mule, it took an entire day to travel there and another day to return. During the rainy season it was important to collect rainwater to save on the number of trips taken for water to El Alamo. Towards the end of the 1950s we began to use vehicles, but the road did not run directly to San Ignacio. This first road connected one ranch to the other, eventually arriving at the town of San Ignacio after eight to ten hours and one or two flat tires.

By 1980 there was construction of a dirt road connecting the town of San Ignacio to the lagoon in a direct line, more or less. This road facilitated access for bigger trucks transporting fishing products on a much larger scale. In addition, the improved road brought more fishermen from other regions who were not organized or inspected by local authorities, as regards their extraction of resources. Even today we can see the result in the enormous amount of clam shells along the local roads surrounding the lagoon. There was also an increase in the number of visitors looking to participate in the whale experience.

In 2009 new work on the road began and by 2015, fifty of the sixty kilometers connecting the town of San Ignacio to the lagoon were paved. The flow of visitors continued to increase, as did the number of cargo trucks transporting seafood from the lagoon to national and international markets hungry for fin fish, Pismo clams, shrimp, lobster, and oysters.

Eventually the paved road will extend all the way to the beach at Laguna San Ignacio. It would be natural for things to change due to the easy access. The idea of traditional modern life in this region of Mexico scares me. The development of a community doesn't mean it must be surrounded by concrete, poles, and electrical wires. Education is the key to a year-round sustainable economy that respects and conserves the lagoon's natural resources.

To the north, in the community of El Rosario Baja California, lived a woman who became famous with her restaurant at the side of the trans-peninsula highway. At the conclusion of the highway construction in 1973, she was asked her opinion about the highway and she replied, "Bad road, good people. Good road, bad people." It is exactly this phrase from Mama Espinoza that we need to keep in mind for the future of Laguna San Ignacio.

## Reflections

Laguna San Ignacio signifies "home." It is "the nest." I say with pride that I am a native of Laguna San Ignacio. Although at this time I do not live there full-time, Laguna San Ignacio, it runs through my veins. For me it is the center of the universe. For my daughters, perhaps, the significance is very different. Their entire lives they have visited the lagoon, and that is the place to see their family and the whales. My daughters are Mexican American, bilingual and bicultural. As a matter of fact, they take their Mexican roots very seriously. It definitely signifies the home of Tata Pachico and Nana Carmen and their whales.

* * *

Life on the lagoon has not necessarily been easy but it has taught me to appreciate the meaning of a sustainable life, the importance of a balanced ecosystem, and the role that humans play in their environment. A small town in itself can be a microcosm of society. Mutual support for the common good is key.

* * *

During the abundant seasons there really is no excuse for illegal fishing. However, during the seasons of scarcity, the only fish you find are the least valuable, and the weather is the most intense. These seasons only satisfy the most basic needs. We could have food on the table, nothing more. Of course, the fishermen will accept alternatives that are realistic and allow them the opportunity to sustain their families, provide schooling for their children, and not suffer the risk of ending up in prison.

* * *

The life of a fisherman is one that many people judge, without having the faintest idea of the reality that such people live, especially in rural communities. Laguna San Ignacio has seen seasons of illegal fishing and massive fish extractions. I completely believe in conservation. However, when trying to change customs and educate about conservation, it's essential to offer viable and tangible short-term alternatives. And to offer a vision that is clear and sustainable in the long term. You cannot recite a litany of justifications in favor of conservation without working with the local community to help the local community. This is something that many programs fail to understand.

* * *

I can now clearly see how a species can be exterminated because of indiscriminate consumption. Thanks to the courses by the guides from RARE nature program my perspective has changed. It is incredible to see what happens with education when it addresses the traditions of a community! Of course, I am in favor of conservation of resources and sustainability; however, I believe that many people judge the actions of a community without really participating, and without really contributing to solutions, when they talk about managing the fisheries. Nowadays there are more programs that exist to support and advise the fishing sector and these definitely help to sustain natural resources.

***

The effect and benefits of support programs derived from the conservation campaign were not equally shared among local groups. This may not be the last threat of development for this region, and it is indispensable that all members of the Laguna San Ignacio community are considered in future support programs. We'll need to show a united front against any future threat in order to succeed. We'll need to demonstrate a united community working for a pristine and sustainable lagoon. Of course, a "united front" means that different social groups all participate in the fight to defend the lagoon and its natural resources, and that they are also included in the support derived from the shared effort.

# ACTION

**Richard J. Nevle** is the Deputy Director of the Earth Systems Program at Stanford University and co-author of *The Paradise Notebooks: 90 Miles across the Sierra Nevada*. He is the author of numerous scientific articles and the recipient of the highest award for teaching excellence given by Stanford University.

# A SEED FROM THE TREE OF HOPE: THE MOVEMENT TO SAVE LAGUNA SAN IGNACIO

RICHARD J. NEVLE

*Stars, hills, clouds, trees, birds, crickets, humanity, each in its world, each a world and yet all those worlds intertwine. Only if the feeling of kinship with nature is reborn among us, will we be able to defend life.*

—Octavio Paz

In March of 2018, I sat on a low limestone bluff perched at the edge of Laguna San Ignacio, looking out toward the darkening peaks of the Santa Clara volcanic field. A white sun slipped behind a scrim of pale clouds, tilting down toward the Pacific. Gulls wheeled and keened overhead. Pelicans and cormorants flew in low over windswept waves. Terns hovered, then plummeted into the sea, emerging from the brine with shimmering, silver-scaled fish wriggling in their bills. Tough little rock crabs, with almost psychedelically colored carapaces tinted in shades of saffron, crimson, and cerulean, scuttled over the tawny, shell-littered rock. The lagoon's waters shimmered jade, then pewter, then celadon. In the distance, plumes of mist rose from the water as a gray whale and her baby surfaced, mother and child each taking a breath before disappearing back into the lagoon's opaque depths.

On most any March afternoon at Laguna San Ignacio, you might see the same. You might find a place of wild abundance, a place that gives what sustenance it can to the local fishing community—and in winter offers respite and protection to a community of hundreds of gray whales who come to it to mate and give birth. Laguna San Ignacio and its austere surround of tangerine volcanic hills and blazingly white salt flats seems immutable, permanent. It is anything but. The Earth is a text written and rewritten; everything is subject to revision, even—and perhaps especially—a primordial, wild landscape. Intricate and intertwined geological and evolutionary processes have made and shaped Laguna San Ignacio over thousands of millennia, but it remains in a wild condition only because of human foresight, intervention, and care.

Among Laguna San Ignacio's astonishing gifts is that it will permit an ordinary soul to sit upon its rough, shell-strewn shore, gaze out on its shimmering waters, and witness an abundance of creatures practice upon the waves their honed arts of survival. On witnessing such revelations, the observer might recall the grandeur of the world of which we are a part, a world in which we belong, a world in which each of us, like a single mote of stardust floating amidst a pale galactic cloud, is but one animate form among a multitude. That Laguna San Ignacio would remain wild, that it would remain in such a state so as to continue to be able offer its gifts so generously was in no way inevitable. It could have been otherwise. Things might have turned out differently here in this communion of land and sea that is Baja California Sur's Laguna San Ignacio.

Let me tell you a story of how it was that this place was saved from a different fate. Let me tell you how it was spared from a plan that would have transformed the surround of its singular desert wilderness into an industrialized wasteland, all to extract the lagoon's salt. Let me tell you how it was Laguna San Ignacio was saved—such as any place can ever be truly saved—by an unwieldy and sometimes cantankerous coalition of poets, scientists, activists, locals, government administrators, lawyers, and ordinary citizens, some of them young children. All of whom awoke to a cause greater than themselves and conspired and strategized and labored and fought, sometimes at cross purposes, sometimes taking dangerous risks, and yet still overcame tremendous odds to save a remote place so that it might remain wild and sustain humans and more-than-humans for generations to come.

* * *

This story began quite remarkably with the almost biblical encounter between a fisherman and a whale. It was a catalytic moment of interspecies contact that would ignite the fuse of a fast-burning political movement, one that would eventually force decision-makers in the Mexican government to reckon with conflicting values regarding what a wild place is for. A place to sustain humans and more-than-humans into the future? Or an industrial sacrifice zone to be exploited for a material commodity? The movement to protect Laguna San Ignacio and its gray whales from the establishment of a gigantic industrial saltworks along the lagoon's northern shore took place between 1995 and 2000. The effort was spearheaded by Mexican and U.S. environmental organizations and abetted by the critical intervention of administrators in Mexican government agencies charged with oversight of the nation's natural resources. As a largely binational affair between Mexico and its northern neighbor, it was encumbered by centuries-old historical animosities, cultural chauvinism, mistrust, misunderstanding, hubris, and vitriol. Yet even as a political movement that had to navigate what was, at times, considerable internecine conflict and internal drama, it was nonetheless one that ultimately succeeded in protecting Laguna San Ignacio from an industrial operation that would have both marred the region's unparalleled natural beauty and likely produced more economic harm than good for its residents.

We can only speculate on how development of the saltworks would have impacted the lagoon's more-than-human inhabitants. To paraphrase singer-songwriter Joni Mitchell, we don't know what we've got until it's gone. Once an ecologically sensitive area is harmed, the destruction of its aesthetic qualities and life-giving wildness is almost always irrevocable on a timescale that matters for any of us living today. So, what might we learn from the movement to protect Laguna San Ignacio? What seeds might its lessons sow in our imaginations for the ongoing work of repairing the world?

Before proceeding, I should be clear about the perspectives I bring to the telling of this story. I am an observer looking back at events that transpired more than two decades ago, attempting to reconstruct the strands of a complex narrative involving actors operating under distinct and often conflicting theories of change. I write from the perspective of an American of Mexican descent, from the perspective of my training as an environmental scientist, and from the perspective of a teacher of environmental studies grappling with how to make sense of both past conservation successes and failures. Perhaps most importantly, I write from the perspective of a citizen of our planet, as one keenly aware of the degree to which our homeland, the Earth, and its living inhabitants, our species included, are under profound existential threat. Given what is at stake for all of us, I write from the perspective of one who is eager to learn from those, who despite their differences, found common cause in their desire to protect a wild place and its inhabitants—and succeeded.

Our story begins in 1994, when Exportadora de Sal S.A. (ESSA), a joint venture backed by the Mitsubishi Corporation and the Mexican government, proposed a massive solar saltworks project in the heart of Laguna San Ignacio, a lagoon that supposedly had been shielded by three layers of protection. Laguna San Ignacio had been declared as part of a whale sanctuary by presidential decree in 1979, enfolded within El Vizcaíno Biosphere Reserve in 1988 by yet another presidential decree, and then in 1993 listed as part of a UNESCO World Heritage Site. This last designation recognized, in UNESCO's language, the region's "outstanding universal value," that is to say its status as "a site of significance which is so exceptional as to transcend national boundaries and to be of common importance for present and future generations of all humanity," among such other treasures as the Great Barrier Reef, the Acropolis, Yosemite National Park, the Alhambra, Tikal, and Mount Fuji to name just a few.

The saltworks development plan aimed to transform an area of the lagoon's northern shore nearly twice that of Washington D.C. into an industrialized landscape of diked evaporation and crystallization ponds; fuel and water tanks; and office buildings, workshop facilities, and employee housing. A mechanized 2-kilometer-long pier would convey salt from a one-million-metric-ton salt pile through the lagoon's richest lobster and abalone fisheries and across the migratory path of gray whales to a shipping dock at the pier's terminal. Pump infrastructure stationed near two bird nesting sites and a gray whale calving area would flush highly concentrated brine known as bittern, which is toxic to marine life, from the ponds, then dump it into the lagoon's entrance at Bahía de Ballenas at the rate of 20,000 metric tons per day. The expansive development effort aimed to transform Mexico into the world's largest salt producer, with the primary beneficiary being the Mitsubishi Corporation.[1]

Early in 1995, two graduate students conducting field research in Baja California Sur, Emily Young and Serge Dedina, learned of ESSA's plans for the saltworks. They managed to obtain a copy of the plans from legendary local fisherman Pachico Mayoral and dispatch them to Homero Aridjis, eminent poet and diplomat, outspoken environmental advocate, and leader of the Grupo de los Cien, an organization of prominent Mexican artists, writers, and intellectuals founded in 1985 to raise public consciousness and hold governmental officials accountable for environmental health crises threatening Mexico City. Aridjis—who had in 1986 used his influence to persuade Mexico's president to protect monarch butterflies overwintering in the oyamel fir forests of his native Michoacán—once again sprung into action. After being repeatedly stonewalled by Mexican government officials, he eventually acquired a copy of ESSA's environmental impact study from John Twiss, executive director of the Marine Mammals Commission in Washington, D.C. Aridjis discovered that only five of the document's 465 pages addressed the mitigation of environmental damages that would result from the saltworks, and that only twenty-four lines of the report mentioned the saltworks' impact on the gray whale. He published his findings in a scathing editorial

---

[1] At the time, Mitsubishi had possessed exclusive purchasing rights to ESSA-produced salt produced from lagoons to the north of Laguna San Ignacio along the Pacific Coast of Baja California Sur and Baja California Norte for more than four decades. During this period Mitsubishi frequently bought the commodity at prices below production costs. Mexico's government nationalized ESSA in February of 2024 after buying out Mitsubishi's 49% share for 1.5 billion pesos ($87.6 million).

entitled *The Silence of the Whales* in the Mexico City independent daily *Reforma* in February of 1995. Aridjis denounced plans for the proposed saltworks as "a mockery of the concept of a biosphere reserve." "San Ignacio Lagoon is not a vacant lot or an industrial park," Aridjis wrote, "but one of the world's most fragile ecosystems and the winter home of the gray whale." The poet lambasted Mexico's Ministry of Environment, Natural Resources, and Fisheries for its "grotesque" complicity in putting "nature up for sale to bidders known for their hatred of the whale." Dedina would later observe in his book, *Saving the Gray Whale*, that the report was a "model of how not to write an environmental impact assessment."

While the Grupo de los Cien and a constellation of other environmental advocacy groups[2] began to shine an intense spotlight on ESSA's plans for Laguna San Ignacio, the Mexican government—under newly elected president Ernesto Zedillo, a Yale-trained economist—began working internally to investigate the potential environmental, economic, and social impacts of the proposed saltworks. Upon taking office in December of 1994, Zedillo had established the Ministry of Environment, Natural Resources, and Fisheries, known by its Mexican acronym SEMARNAP[3] (the very agency that Aridjis would so trenchantly blast two months later in his column in *Reforma*). To lead this new agency, Zedillo had appointed the renowned ecologist and conservationist Dr. Julia Carabias. One of Carabias' first tasks in office was to oversee review of ESSA's environmental impact statement, which had been submitted to the National Institute of Ecology and Climate Change (INECC), SEMARNAP's operational arm responsible for whale conservation. Less than a week after Aridjis' blistering censure of ESSA and SEMARNAP appeared in *Reforma*, Carabias' office announced its rejection of the environmental impact statement, citing the fundamental incompatibility of the proposed saltworks facility with conservation goals of El Vizcaíno Biosphere Reserve.

---

[2] The organizations involved in opposing the saltworks development in Laguna San Ignacio increased in number throughout the campaign. Most prominent among them, in addition to the Grupo de Cien, were the Mexican Green Ecologist Party, Green Peace Mexico, Pronatura, Pro Esteros, the Union of Environmentalist Groups of Mexico, the Mexican Environmental Law Center, the Baja California Sur Federation of Fishing Cooperatives, and many other Mexican organizations. Groups outside of Mexico who contributed to organizing the campaign against the saltworks included the Natural Resources Defense Council, the International Fund for Animal Welfare, the World Wildlife Fund, and many others. Toward the latter part of the campaign many of these groups merged their efforts under the aegis of the Coalition to Save Laguna San Ignacio.

[3] To assist the reader in navigating the alphabet soup of institutional acronyms, I have included a brief glossary of them at the conclusion of this chapter.

It is worth highlighting that INECC's announcement emphasized the potential threats that the saltworks development posed to the ecological integrity of El Vizcaíno as a whole, rather than the specific harms the project could inflict upon the gray whale in particular. This choice of emphasis, Carabias has argued, was a crucially strategic one, as gray whales have continued to thrive in lagoons to the north of Laguna San Ignacio—Guerrero Negro and Laguna Ojo de Liebre—where industrial scale saltworks have operated since the 1950s. Although establishment of a saltworks operation at Laguna San Ignacio might not impact gray whales, the agency argued, it would undoubtedly degrade its unspoiled scenic beauty and could potentially disrupt functioning of other components of the region's ecosystem and harm other protected species. The Laguna San Ignacio region, in addition to providing a mating and birthing site long relied upon by the gray whale, is home to the Americas' northernmost mangroves as well as many species that exist nowhere else on Earth, such as the magnificent and endangered Baja California pronghorn (*Antilocapra americana peninsularis*). This agency's more holistic view of Laguna San Ignacio proved prescient: almost three years after its rejection of ESSA's environmental impact statement, 94 endangered green sea turtles (*Chelonia mydas*) were killed by the discharge of toxic bitterns from ESSA's operations at Laguna Ojo de Liebre, a revelation that came to light through a congressional investigation spurred by the Grupo de los Cien.

One might think that the rejection of the environmental impact statement would have sealed the fate of ESSA's plans to establish a salt harvesting operation at Laguna San Ignacio. Yet ESSA, under the leadership of a powerful member of Zedillo's cabinet, secretary of commerce Herminio Blanco, scrambled to file an appeal and launch a public relations campaign to promote the saltworks' putative economic and social benefits. The question of whether to develop a salt harvesting operation at Laguna San Ignacio rose to the highest levels of the Mexican government, pitching SEMARNAP, run by Carabias, against the Ministry of Commerce and Industrial Development, directed by Blanco. Although Carabias' office would, under Zedillo's authority, grant ESSA's petition to submit a revised saltworks development proposal and environmental impact assessment, she also called for the appointment of an advisory committee of international marine scientists to serve as a scientific review panel, the members of which would be charged with both defining the scope of ESSA's revised environmental impact assessment and, once it was completed, issuing an evaluation informed by perspectives of both proponents and opponents of the saltworks. The findings, it was agreed, would guide Mexico's decision of whether to authorize the saltworks.[4] Carabias

[4] Whereas the Carabias-appointed committee would define the scientific scope required of ESSA's revised environmental impact assessment, INECC would itself impose additional socioeconomic terms. In addition to meeting all of these terms, the project would be required to comply with Mexico's environmental laws and regulations.

sought out Aridjis and his wife, Betty Ferber, for their recommendations of experts to serve on the committee. Among those the couple recommended (all of whom Carabias would appoint) was the eminent whale biologist Steven Swartz, whose insights on gray whale ecology and conservation you will find illuminating this book.

By the spring of 1995, Baja California Sur's "Salt Wars"[5]—the battle over whether to conserve Laguna San Ignacio or harness the lagoon's saline waters for salt extraction—had commenced in earnest. Within months of Aridjis' publication of his editorial in *Reforma*, the Grupo de los Cien, with financial backing from the Natural Resources Defense Council (NRDC), a U.S.-based environmental research and advocacy organization, took out a full-page ad that appeared in *The New York Times*, as well as in the Mexican newspapers *La Jornada* and *Reforma*. The ad implored citizens to call on Mitsubishi and the Mexican government to halt plans for the saltworks at Laguna San Ignacio on the basis that it could imperil pristine gray whale habitat. Many prominent writers and international environmental organizations signed on to the statement—Günter Grass, Margaret Atwood, Allen Ginsberg, Octavio Paz, Peter Matthiessen, W.S. Merwin, the Sierra Club, Earth Island Institute, Greenpeace, Save the Whales, and the Rainforest Action Network to name a few.

It is worth noting briefly the historical circumstances that made the partnership between NRDC and the Grupo de los Cien possible. In the early 1990s, during development of the North American Free Trade Agreement (NAFTA), U.S. and Mexican environmental organizations quickly grasped that the treaty could have many damaging environmental consequences, particularly in Mexico. NRDC's international arm was able to provide information about the treaty negotiations, which the Mexican government had refused to publicly disclose, to their environmental allies in Mexico—including the Grupo de los Cien. This cooperative effort established trust between environmental organizations on both sides of the U.S.-Mexico border and provided a foundation for future collaboration.

The Grupo de los Cien's publication of the statement opposing the saltworks in high-profile newspapers marked, in many ways, the beginning of an environmental campaign that would be unusual for both its international reach and for the ways in which it deployed the connective power of internet technology to speed and globalize its outreach and communication strategy. By harnessing the internet, the coalition of advocacy organizations which drove the campaign—among them NRDC, Grupo de

[5] The term "Salt Wars" was first used to describe the political battle waged over the fate of Laguna San Ignacio by Dr. Steven Swartz in his book *Lagoon Time* (see Ch. 8, *Salt Wars of the 1990s*).

los Cien, the International Fund for Animal Welfare (IFAW), Pro Esteros, and many others—could easily coordinate efforts to inform and engage the public through email outreach and information published on organizations' websites. As a result, more than a million postcards and letters and email messages were sent by members of the public, including many young children, to representatives of Mitsubishi and the Mexican government to protest plans for the saltworks. Thousands wrote messages directly to Zedillo himself. Among them was Prince Bernhard of The Netherlands, whom Aridjis knew from his time as an ambassador to the country, who sent Zedillo an open letter to express his strong opposition to the saltworks.

As the campaign to protect Laguna San Ignacio involved the broader public, it also engaged residents living in the remote, rural fishing communities near the lagoon. NRDC helped maintain the flow of communication with residents, in part, by distributing computers and providing information via CD-ROMs. In February of 1997, NRDC convened with IFAW and the Grupo de los Cien at Laguna San Ignacio to meet with local representatives, where they were joined by several celebrities[6] who helped draw media attention to the conservation cause. Two years later NRDC dispatched Ari Hershowitz, director of the organization's wildlife conservation initiative in Latin America, to meet with residents in order to gain insight into their perspectives on the proposed saltworks and their preferences for sustainable economic development in the region. Most community members viewed the saltworks negatively, as a threat to the health of the lagoon's fisheries and with little potential to produce local economic benefit. Those Hershowitz interviewed expressed a strong preference for development initiatives that would help increase incomes from fishing, ecotourism, and oyster aquaculture, as well as improve access to educational opportunities, health care, and energy. In an independent study the World Wildlife Fund-Mexico (WWF-Mexico) found that very few jobs, particularly high-paying jobs, created by the saltworks would employ local citizens. The WWF-Mexico study also noted collateral impacts of development not included in ESSA's original environmental impact statement, such as those generated by increasing water and energy demands, infrastructure development, and waste generated because of population growth in the region. In addition, the WWF-Mexico study warned of the potential for social disruption as more fishermen would be drawn

---

[6] The campaign, throughout its five-year duration, enlisted influential celebrities to bring attention to the cause. Actors Glenn Close and Pierce Brosnan, as well as Jean-Michel Cousteau and Robert F. Kennedy, Jr., who was then serving as NRDC's senior attorney, participated in the first NRDC-sponsored mission. Subsequent trips would bring Mexican legislators, members of European Parliament, Jacques Cousteau, the Dalai Lama, and many other notables to Baja California Sur to register their opposition to the saltworks.

to Laguna San Ignacio's waters, increasing pressure on the valuable abalone and lobster fisheries and the likelihood of resource piracy and conflict. These findings began to raise the question of just who, exactly, stood to benefit from the saltworks and what kind of sense it would make for Mexico to industrialize a uniquely beautiful and wild landscape only to extract its salt.

As the campaign to protect Laguna San Ignacio gained momentum, it also solicited support from governing bodies abroad. In December 1998 representatives from NRDC, IFAW, and Pro Esteros traveled to Japan to present some 30,000 petition forms to UNESCO's World Heritage Committee to urge the body to declare the whale sanctuary of El Vizcaíno, which included Laguna San Ignacio, "in danger," while IFAW lobbied the European Parliament to oppose the saltworks. Several months later, in July of 1999, NRDC ran an ad in newspapers across the U.S. and Mexico with a statement endorsed by the signatures of thirty-four prominent international scientists, including nine Nobel Prize recipients, declaring that "ESSA's proposed saltworks would pose an unacceptable risk to significant biological resources in and around Laguna San Ignacio" and would violate "the principles that sanctuaries, biosphere reserves, and World Heritage Sites were created to uphold." A month later, a mission from the World Heritage Committee would arrive in Mexico.

It is at this moment in the story that the effort to save Laguna San Ignacio started edging into perilous political territory. As international attention turned toward Mexico, and many began to cast a skeptical eye upon the integrity of Mexican political processes and even engaged in public shaming of the Zedillo administration—all consequences of the well-funded NRDC- and IAFW-led campaign—Zedillo found himself boxed into a corner. Zedillo faced increasing political pressure to authorize the saltworks from a phalanx of Mexican public officials, business leaders, and investors with interests in the economic development of Baja California Sur. Meanwhile, the arrival of the World Heritage Committee mission in Mexico, described as an invasion by some Mexican journalists, threatened to reframe the saltworks controversy into an issue of Mexican national sovereignty, that is a battle of Mexican national interests versus those of outsiders—namely whale-lovers mobilized by funds from foreign environmental organizations.[7] Carabias, in an interview reported in the *Phoenix New Times*, recalled Zedillo's intense irritation with the NRDC campaign, and his sense that aggressive international demands had constrained his political options, almost compelling him

---

[7] The cost of the 5-year campaign opposing the saltworks, funded mostly by the Natural Resources Defense Council and the International Fund for Animal Welfare, has been estimated at $3.5 million (Spalding, 2006).

"to go ahead with the salt plant, because of the way cancelling the plant would read in the Mexican press."

Yet as Mark Spalding, a lawyer hired to advise NRDC and IFAW early in the campaign, has written, it is probable that "the ability of ESSA to basically have its way [in constructing the saltworks] would have been assured" without the media spotlight trained on the Mexican government. Spalding has also noted that his collaborator, Alberto Székely, a Mexican public interest lawyer, pursued every administrative and legal means at his disposal to put in place "a battery of strong legal remedies that made it difficult for the Mexican government to approve the saltworks project without committing an overt denial of justice and without failing to effectively comply with and implement its environmental laws." Like Spalding, Székely has affirmed the important contribution of environmental non-governmental organizations to Mexican democracy during the salt wars, noting the role of their advocacy in "influencing official decision-making, promoting the enforcement of the law, and compelling authorities to listen to the opinions of social groups."[8]

Although activists' efforts may have chagrined Carabias, the international campaign's strategic pressuring of the Mexican government to kill the saltworks almost certainly handed her the political capital she needed—and which she likely would not have obtained otherwise—to both deploy the legal means at her disposal to steer assessment of the revised saltworks proposal and, just as importantly, increase her influence with the president.

The World Heritage Committee's visit to Laguna San Ignacio—from the perspectives of many in the coalition opposing the saltworks—was one hamstrung at the outset by bureaucratic obfuscation on the part of Mexican authorities. Nevertheless, the World Heritage Committee team spent a week visiting sites throughout El Vizcaíno Biosphere Reserve and listening to a range of opinions regarding the establishment of the saltworks. In their report released the following November, the team concluded that the reserve was not "in danger" as no damage had yet occurred from saltworks construction. Yet in some of the most delicately politic language conceivable, the report included an *invitation* to Mexico to consider "not only the population of gray whales and other wildlife, but also the integrity of the landscape and the ecosystem" in its pending decision of whether to permit the saltworks to go forward. The report underscored the singular ecological qualities and arresting beauty of the El Vizcaíno region

---

[8] See Zaraín, p. 92.

that Mexico itself had cited in its nomination of El Vizcaíno for consideration as a World Heritage Site only a year before ESSA's saltworks proposal. The World Heritage Committee report also warned, as had the WWF-Mexico report previously submitted to the Zedillo administration, of the potential for secondary harms resulting from the saltworks, including threats from pollution and waste generated by an expanded human footprint in the region.

As organizations in the coalition to protect Laguna San Ignacio engaged both internationally and locally, Homero Aridjis held press conferences and continued to wield his pen in Mexico, publishing salvos in his column in *Reforma* that kept Laguna San Ignacio in the eye of the Mexican public and the feet of Mexican government officials and Mitsubishi executives close to the fire. Aridjis' activism resulted in a series of personal death threats against him, requiring the diplomat-poet to hire bodyguards to ensure his own safety. Meanwhile, billboards and bus-shelter posters broadcasting provocative messages opposing the saltworks popped up like mushrooms across Mexico City.

In 1999, NRDC and IAFW began to press the issue in California in order to seize on public awareness and appreciation of gray whales, who ply the waters near California's coastline during migration.[9] The campaign hit hard, targeting Mitsubishi car dealerships, boycotting Mitsubishi products, convincing mutual fund managers to cease buying Mitsubishi stock, appealing to cities and counties in California as well as several California-based pension funds to pass resolutions against Mitsubishi, and persuading labor unions to refuse new contracts with the company until it abandoned its saltworks plans. NRDC, with the endorsement of Mexican members of the coalition and, quite remarkably, some Mitsubishi representatives, submitted a resolution condemning the saltworks to the California Coastal Commission,[10] which the agency adopted almost unanimously based on the saltworks' potential effects on the gray whale, a species that the resolution noted "contributes to the California economy and occupies a vital niche in the state's diverse marine ecosystem." The California Coastal Commission's adop-

[9] I am compelled to note here that my first gray whale encounter—my first whale encounter ever, in fact—was on an unforgettable spring afternoon in 1989 on California's Big Sur coast, when as a young graduate student and recent arrival to the state, I witnessed in the distance whale after whale blow plumes of mist backlit by the late-day sun as the great mammals, including pairs of mothers and their young, swam their way slowly northward to the rich feeding grounds awaiting them in the Arctic.

[10] Created by California's Coastal Act of 1972, the California Coastal Commission is a state agency charged with ensuring public access to the state's beaches, regulating coastal development, preserving sensitive coastal and marine habitat and biodiversity.

tion of the resolution was signed in January of 2000, a little more than a month before President Zedillo would travel clandestinely to Laguna San Ignacio with his family, along with an entourage of friends and colleagues, including none other than Julia Carabias.

It is here that we might consider what enabled Laguna San Ignacio's resistance movement to gain momentum. Surely, it was a potent combination of political savvy, poetic imagination, evolving scientific understanding of both gray whale biology and the ecological uniqueness of the Laguna San Ignacio region, as well as local perspectives and knowledge. Yet those who engaged deeply with the effort to preserve the region's pristine wildness and protect its inhabitants worked largely independently, and often discordantly, with what may have seemed at many times like cross purposes. Scientific experts, many of whom volunteered their time to conduct the exhaustive and rigorous evaluation of the saltworks' potential ecological harms, were publicly discredited and fallaciously denounced by some activists as tools of the Mexican government. These allegations left deep wounds that persist to this day among many of those scientists. Although internecine tensions often fractured the activist coalition, the accounts of those who engaged in battle for Laguna San Ignacio agree that for the most part, the campaign was one in which representatives of different activist organizations acted in good faith and aspired to collaborate with transparency, open communication, with a sense of mutual respect, and with deference given to leaders of the Mexican environmental organizations when disagreements arose.

In addition to all those engaged in the campaign on the ground, there was another powerful advocate involved, one who acted on behalf of itself: *Eschrichtius robustus*—the slender, gray, baleen whale who is born and moves upon the shadowy waters of Laguna San Ignacio. For to encounter a gray whale, a charismatic, enormous being who leads a life almost wholly unknowable to us, has a not-so-subtle way of reminding us that we are not alone—that the world is more wondrous and mysterious than we might possibly imagine. An eye-to-eye meeting with a gray whale has a way of broadening one's sense of perspective.

Perhaps it was such a meeting that inspired President Ernesto Zedillo during his visit to the lagoon, as he stood in the bow of a *panga* watching his family members pet and kiss a gray whale who had sidled up alongside them. Perhaps it was the spare, sere, primordial beauty of his surroundings—the embrace of the salty air and the astonishing expanse of wildness in his own Mexican motherland. Perhaps it was more pragmatic concerns, such as his understanding of how the saltworks' potential for profitability would likely evaporate under the constraints recommended by the Carabias-appointed scientific review committee.[11] Perhaps it was anxiety regarding how a lack of resolution on the issue of protecting Laguna San Ignacio might weaken his political party's popularity in upcoming elections. Or perhaps it was an urgency he felt to end the controversy as he awaited a decision from the European Union regarding a yet unfinalized trade agreement with Mexico. Perhaps it was some combination of all these factors that compelled President Zedillo on March 2, 2000—before the formal review process of the new environmental impact assessment had even been completed—to deliver a speech from the presidential residence at Los Pinos proclaiming his decision to reject ESSA's proposal to develop a salt production facility in Laguna San Ignacio. With Zedillo's announcement, the lagoon was saved.

* * *

But perhaps *save* "is the wrong word," as Rebecca Solnit has observed in *Hope in the Dark*. "Most of the great victories continue to unfold," writes Solnit, "unfinished in the sense that they are not fully realized. . . ." The saving of Laguna San Ignacio is most certainly a work still very much in progress. A coalition of non-governmental organizations comprising the Laguna San Ignacio Conservation Alliance[12] continues work to establish conservation concessions and easements in the region—the most effective legal means available to protect wildlands in perpetuity. Without such protection, the region could fall prey to future development plans. The Alliance is also engaged with fundraising efforts aimed at providing opportunities for sustainable development as well as improved access to health care, education, water, and energy for the region's citizens. Nevertheless, at present, the fulfillment of conservationists' promises of environmental justice at Laguna San Ignacio remains, regrettably, still nascent and largely aspirational.

Laguna San Ignacio is a home for the Pacific gray whale, but it is a home for people too. What will be required to ensure that Laguna San Ignacio will not only sustain its seasonally resident whales but also its year-round human inhabitants far into the future? Although the proposed saltworks may have offered only false promises of prosperity

---

[11] Although findings of the revised ESSA were neither made public nor published, reporting in the *Phoenix New Times* in 2001 indicated that many top officials in the Mexican government, including Carabias, believed that the saltworks could not have been profitable under the restrictions imposed by the revised environmental impact statement (Smith, 2001).

[12] The NGOs supporting this effort are part of the Laguna San Ignacio Conservation Alliance, which includes Comunidad Maijuna Ecological Reserve, Ejido Luis Echeverría Alvarez, International Community Foundation (ICF), International Fund for Animal Welfare (IFAW), Natural Resources Defense Council (NRDC), Laguna Baja Asociación Rural de Interés Colectivo, Pronatura Noroeste, and Wildcoast.

to Laguna San Ignacio's residents, the possibility of industrial development in the late 1990s spoke to a yearning among many within this isolated, rural community for a chance at a better quality of life. This yearning is no less palpable today than it was a quarter of a century ago. This is not to say nothing has changed for the residents of Laguna San Ignacio. Solar energy infrastructure, educational opportunities for children, and basic medical services have all improved somewhat since the dramatic and tumultuous years of the salt wars. Yet other essential community services, such as sewage treatment and trash disposal, are still lacking. At present the economic opportunities available to Laguna San Ignacio's residents are largely confined to oyster aquaculture, fishing, and support of whale ecotourism in the winter months. The income earned from these activities is barely sufficient to keep the community afloat.

Much more might be possible though. Might the community of Laguna San Ignacio benefit from a more broadly imagined vision of sustainable development aligned with the region's protected status as a biosphere reserve? What could be achieved, for example, with income generated by more expansive opportunities for ecotourism, such as those that might afford visitors with chances to experience the extraordinary natural beauty of the desert landscape surrounding the lagoon, which is tantalizingly replete with a diverse and unique array of flora and fauna?[13] Or with chances to immerse in the region's rich cultural traditions, artisanship, cuisine, and stunning rock art—one of the legacies of more than ten millennia of human presence in the region? And who better than the residents of the Laguna San Ignacio region to both help reimagine such possibilities and serve as expert guides and ambassadors for this singular World Heritage Site, an extraordinary place that—although Mexican deep down in its bones—is all of humanity's to fall in love with and help protect? How might the community and its supporters in both Mexican government agencies and local and international non-governmental organizations learn from exemplars of just and sustainable models of ecotourism and fishing elsewhere across the globe? How might those invested in the thriving of life in Laguna San Ignacio contribute to a vision for sustainable development led by the very community which has learned how to thrive here for generations? Regardless of how the ongoing work of saving Laguna San Ignacio might proceed in its details, it will require a vision that recognizes how the lives of whales and of people are inextricably bound together.

Saving Laguna San Ignacio is only a beginning. The ecological health of Laguna San Ignacio, and the well-being of the human communities and wild creatures to whom

---

[13] Among my favorite local, more-than-human residents are the cardón cactus and the mangrove warbler, a yellow bird with a coffee-colored head who sings a gorgeously liquid song.

it offers refuge, are inextricably and inevitably entwined with the health of the planet as a whole. This is to say that the caretaking of Laguna San Ignacio is a necessary, but insufficient, requirement for the larger work of world-repairing effort that is each of our responsibilities as stewards of the Earth.

* * *

We can learn from what happened at Laguna San Ignacio, and from the whales themselves, what is required of us to both protect any wild, sacred place on Earth and cease the accelerating destruction of Earth's biosphere: the razing of forests; the pollution of land, rivers, and sea; the acidification of the oceans; the melting of glaciers and sea ice; the nudging of the planet's thermostat upward.

I began to write this chapter on a scorching July afternoon in Northern California, some 1400 kilometers north-northwest of the windswept waters of Laguna San Ignacio. I sweated at my desk as a ceiling fan droned wanly overhead. There was no need of a thermometer to tell me how hot it was on that blazing afternoon as I wrote amidst the hottest summer of the hottest year of the hottest decade on record. A record it turns out that began in the year of 1850, just as populations of whale species prized for their oil had thinned to the edge of oblivion. It is not a coincidence that the record of Earth's average surface temperature commenced as these species had been driven nearly to extinction.

Let me tell you how the global quest for whale oil revealed how we have warmed the Earth. For here, in this story, we find a way in which our encounters with whales lead us to a larger story about ourselves, one still unfolding in Laguna San Ignacio. Let's go back in time a bit, to the mid-1700s, when whale populations were already in steep decline in coastal waters of the Atlantic due to overhunting. This collapse of populations of giant cetaceans spurred whalers to embark on ever more perilous journeys in search of whales farther offshore. They chased the great animals across the globe, crisscrossing the oceans, hunting them down even in the polar regions. Sea captains ventured far and wide across the seas in pursuit of their colossal mammalian quarry, and wherever they traveled, they fastidiously recorded what they observed. Sometimes they accompanied their notes with brutal and strangely beautiful illustrations of their violent encounters with whales. The whalers' logs include copious measurements of maritime weather conditions, including precise thermometer readings taken from what had previously been the most inaccessible and largely unprobed regions of the Earth. Their temperature measurements, acquired from remote corners of the oceans, filled in a critical lacuna, extending the geographic coverage required to precisely calculate the average temperature of our planet over its entire surface. Combined with meteorological data from land-based weather stations and modern weather buoys, the records have enabled climate scientists to reconstruct, in detail, the annual variation of Earth's surface temperature from the mid-nineteenth century to the present. This reconstruction is the basis of our knowledge of modern global warming, and from it we know that our planet's surface temperature has risen by more than 1.5 degrees centigrade since 1850.[14] So there is, oddly, a way in which the murderous pursuit of whales helped disclose the dialing of Earth's thermostat upward.

In the nineteenth century, whale oil was widely used as a clean burning, if somewhat fishy smelling, illuminant. Its use declined as whale populations plummeted, and as less expensive alternatives to whale oil became available. Among the first was camphene, derived from turpentine and grain alcohol, and then later kerosene, a fuel derived from petroleum. Even as both the demand for whale oil as a household illuminant declined along with its supply, the world had plenty of other uses for the whales' body parts. As a global enterprise, the killing of whales peaked in the 1960s, with oceangoing whaling factories taking upward of 700,000 whales from the seas in a span of a single decade. By 1970, several whale species teetered at the edge of extinction. Only then did serious and concerted global efforts rise to stem the slaughter.

We know, of course, that whales are just one of many kinds of living beings that have disappeared or nearly disappeared from the Earth because of overexploitation. The decline of whales in the oceans parallels an equally devastating loss of life on land. When I was a boy growing up in Texas in the 1970s, birdsong rang out from the trees and weedy lots that I passed as I walked to school each morning. Those fields and the birds they held are long gone, replaced by hotels and tall office buildings of steel and glass and stone. Unlike the catastrophic decline in whale populations, the slow silencing of local birdsong might be imperceptible over the decades, unless you're paying close attention, keeping records of what is, and attending to what is no longer. Such records from across the planet reveal that Earth's terrestrial wildlife populations have fallen by 70% in the last half century—since the time I was a restless young boy fidgeting at a desk in elementary school. So much loss in the space of a single human lifetime.

How can we understand this number—a 70% decline of terrestrial species populations across the Earth in the span of one human generation? It is yet another statistic in a

[14] As of this writing, August 2024 was the 13th month in a 14-month period for which the Earth's global-average surface air temperature exceeded 1.5°C above pre-industrial (1850-1900) levels according to the Copernicus Climate Change Service.

litany of environmental catastrophes that we might find reported below the fold of *The New York Times* or *Reforma* on any weekday morning. And yet this loss says nothing of the natural abundance that existed in the decades and centuries before the very oldest among us was born. There was a time prior to extensive settlement of North America by Europeans in which the gray whale inhabited the Atlantic Ocean and lingered on its sand shoals. There was a time in which salmon ran thick in the rivers of New England, and bison roamed the American prairies in herds a million animals strong. There was a time in which pods of vaquita danced upon the waves of the Gulf of California, a time in which the axolotl salamander, adorable and beloved symbol of regeneration, swam in abundance in Lake Xochimilco's shadowy waters.

Each of us, by virtue of our relatively short lifespans in relation to the breadth of human history, is afflicted by a kind of ecological amnesia. It is an ignorance that, through no direct fault of our own, limits our perception of the natural world to the narrow window of time in which we live. Yet we are living in a diminished world. It is almost impossible to imagine the wild abundance of the Earth as it once was, a world replete with wildlife, a world both deeply human and abundantly more-than-human.

What the loss of life on Earth means for us is the existential question of our time. Although mass extinctions of our planet's species have occurred five times in the last half-billion years, never has the winnowing of Earth's biodiversity occurred because of a willful, conscious activity. Until now. Many writers, E.O. Wilson and Barry Lopez prominent among them, have noted that among the impacts of environmental loss is our deepening loneliness as a species. Wilson has suggested that we might, rather than referring to the modern epoch in which we live as the Anthropocene—a rather human-centric term that centers our species' technological emergence as a nature-altering force operating at a planetary scale—call it instead the Eremocene: The Age of Loneliness. How can we possibly hold hope for a future in which we find ourselves increasingly alone?

We have seen that the historic pursuit of whales gave us, in addition to a valuable household illuminant, measurements of temperature that illuminate how the planet has warmed in response to human activities, chief among them the burning of fossil fuels and transformation of the Earth's surface. Now that very warming may be threatening the gray whales. The carcasses of nearly 700 gray whales washed ashore onto Pacific beaches between 2018 and 2023, a symptom of a so-called unusual mortality event that killed more than thirteen-thousand whales, perhaps as much as half of the North Pacific gray whale population. The massive gray whale die-off was likely due to starvation triggered by declining sea ice. The loss of sea ice, which hosts marine algae, resulted in a reduction of the submarine rain of the tiny photosynthetic organisms to the seafloor, where they feed benthic amphipods—the shrimp-like creatures that are the gray whale's primary prey. The domino effect resulting in the depletion of the gray whale's Arctic larder is but one of myriad ecological avalanches set in motion by Earth's warming.

This is to say that Laguna San Ignacio is but a microcosm of the planet, and the labor to protect this birthing place of gray whales offers a small seed with a set of instructions for how we might care more wisely for the tree of the world. From learning how it was that this seed has survived and flourished where it is ensconced along the Pacific Coast of Baja California Sur—and where efforts to nurture wild and human communities are ongoing, we might find inspiration to care more wisely for the tree who is mother to us all.

Imagine what it is to fly, like a migrant warbler, through the frigid, clear atmosphere high above Baja California Sur. Looking down on the Earth below, the winged shape of Laguna San Ignacio takes form. The lagoon's silhouette resembles that of a samara, the tiny, propeller-like seed of a maple tree that, once airborne, is so expert at pirouetting. Samara, in Hebrew and Arabic, is a name that means protected by God. The story of Laguna San Ignacio offers a small, fragile seed of hope, a story that might inspire in each of us the imagination needed to protect wild places and wild beings wherever we are lucky enough to be among them. For we need one another.

## Glossary of acronyms

ESSA: Exportdadora de Sal, Sociedad Anónima
IFAW: International Fund for Animal Welfare
INECC: Instituto Nacional de Ecología y Cambio Climático; National Institute of Ecology and Climate Change
NAFTA: North American Free Trade Agreement
NRDC: Natural Resources Defense Council
SEMARNAP: Secretariat of Environment, Natural Resources and Fisheries; Secretaría de Medio Ambiente, Recursos Naturales y Pesca
UNESCO: United Nations Educational, Scientific and Cultural Organization
WWF: World Wildlife Fund

## References

"A Covenant of Salt." *The Economist*, 10 Sept. 2015, https://www-economist-com.stanford.idm.oclc.org/business/2015/09/10/a-covenant-of-salt.

Ahmad, Nadeem, and Raouf E. Baddour. "A Review of Sources, Effects, Disposal Methods, and Regulations of Brine into Marine Environments." *Ocean & Coastal Management*, vol. 87, 2014, pp. 1–7.

Aridjis, Homero. "El silencio de las ballenas." *Reforma*, 21 Feb. 1995, p. 8A.

Aridjis, Homero. "The Anatomy of a Victory: The Saving of San Ignacio Lagoon." *Earth Island Journal*, vol. 15, no. 3, 2000, pp. 32–33.

*Copernicus: Summer 2024 – Hottest on Record Globally and for Europe | Copernicus.* https://climate.copernicus.eu/copernicus-summer-2024-hottest-record-globally-and-europe. Accessed 14 Sept. 2024.

Dean, Jake William. *Cesando La Sal: A Social Ecology of Conservation-as-Development and Pacific Gray Whale Ecotourism in El Vizcaíno Biosphere Reserve, México.* 2023. The University of Arizona.

Dedina, Serge. *Saving the Gray Whale: People, Politics, and Conservation in Baja California.* University of Arizona Press, 2000.

Garcia, Karen. "The Gray Whale Die-off on West Coast Is over, NOAA Declares." *Los Angeles Times*, 19 Mar. 2024, https://www.latimes.com/california/story/2024-03-19/the-gray-whale-die-off-on-the-west-coast-is-over-noaa-declares.

Kuri, Carlos Miguel Barber. "The Salt Industry In Mexico." *Journal of Business Case Studies*, vol. 3, no. 3, 2007, pp. 67–80.

*Living Planet Report 2022—Building a Nature Positive Society.* World Wildlife Fund, 2022.

Paz, Octavio. "Octavio Paz Speech at the Nobel Banquet, December 10, 1990." Prix Nobel 1990: *Nobel Prizes, Presentations, Biographies and Lectures*, edited by Frängsmyr, Tore, Almqvist & Wiksell, 1991.

Raverty, Stephen, et al. "Gray Whale (Eschrichtius Robustus) Post-Mortem Findings from December 2018 through 2021 during the Unusual Mortality Event in the Eastern North Pacific." *Plos One,* vol. 19, no. 3, 2024, p. e0295861.

*Report of the Mission to the Whale Sanctuary of El Vizcaino, Mexico, 23-28 August 1999.* WHC-99/CONF.208/INF.6, World Heritage Commitee, 1 Jan. 1999, https://whc.unesco.org/en/documents/288.

Russell, Dick. *Eye of the Whale: Epic Passage from Baja to Siberia.* Simon and Schuster, 2001.

Rust, Susanne. "Starvation Has Decimated Gray Whales off the Pacific Coast. Can the Giants Ever Recover?" *The Los Angeles Times*, 27 Mar. 2024, https://www.latimes.com/environment/story/2024-03-27/starvation-has-decimated-pacific-coast-gray-whales.

Scherr, S. Jacob. "Conservation Advocacy and the Internet: The Campaign to Save Laguna San Ignacio." *The Internet Age: Threats and Opportunities*, edited by James N. Levitt, 2002.

Smith, James. "Activists Break New Ground to Help Shake Off Saltworks Project." *Los Angeles Times*, 23 Apr. 2000, https://www.latimes.com/archives/la-xpm-2000-apr-23-mn-22581-story.html.

Smith, Matt. "The Unlikely Environmentalists." *Phoenix New Times*, 22 Nov. 2001, https://www.phoenixnewtimes.com/news/the-unlikely-environmentalists-6413832.

Solnit, Rebecca. *Hope in the Dark: Untold Histories, Wild Possibilities.* Haymarket Books, 2016.

Spalding, Mark J. "Mobilizing across Borders: The Case of the Laguna San Ignacio Saltworks Project." *Working Paper Series, Justice in Mexico Project*, UCSD Center for U.S.-Mexican Studies and USD Trans-Border Institute, 2006.

Stewart, Joshua D., et al. "Boom-Bust Cycles in Gray Whales Associated with Dynamic and Changing Arctic Conditions." *Science*, vol. 382, no. 6667, 2023, pp. 207–11.

Swartz, Steven L. *Lagoon Time: A Guide to Gray Whales and the Natural History of San Ignacio Lagoon.* First Edition, The Ocean Foundation, 2014.

Tovar, Luis Raúl, et al. "Fluoride Content by Ion Chromatography Using a Suppressed Conductivity Detector and Osmolality of Bitterns Discharged into the Pacific Ocean from a Saltworks: Feasible Causal Agents in the Mortality of Green Turtles (Chelonia Mydas) in the Ojo de Liebre Lagoon, Baja California Sur, Mexico." *Analytical Sciences*, vol. 18, no. 9, 2002, pp. 1003–07.

Wilson, E. O. *The Future of Life.* 1st ed., Alfred A. Knopf.

Zaraín, Valentina Uribe. *La Cancelación Del Proyecto Para Ampliar Un Salinera de San Ignacio (Baja California Sur, México) En 2000: La Estrategia de La Coalición Ambientalista y Las Razones de Su Éxito; Asesor [Bernardo Mabire]. 2013.* V. Uribe Zaraín.

## ACKNOWLEDGMENTS

The publisher would like to thank the translators Regina Lobo Barrera, Tabata Olavarrieta García, Claudia Magana, Irene Pomar Montes de Oca, and Teresa Soto Tafalla. We are grateful to Ranulfo Mayoral for his skilled drawings of the gray whale. And we offer a special note of thanks to the scientist Steven Swartz, whose own book on Laguna San Ignacio was one of our inspirations.

Special thanks to the gifted photographers whose work is featured in this book: Richard German, Amílcar Hernández, Mary Lou Jones, Sergio Martínez Aguilar, Steven Swartz, and the late Johnathan Wright.

We'd like, as well, to acknowledge with thanks and admiration the work of the Laguna San Ignacio Ecosystem Science Program (LSIESP).

# ALABANZAS PARA *TOCADO*

*Tocado* transporta a los lectores en un viaje cautivador a la famosa Laguna San Ignacio, un lugar mágico donde las ballenas grises migratorias llegan por cientos para reproducirse y dar a luz. El libro está organizado ingeniosamente como una narrativa de cuatro hilos que entrelaza habilidosamente las perspectivas de un poeta, un cetólogo, un pescador y un activista para ofrecer una historia informativa e inspiradora de como este criadero de ballenas fue protegido y conservado. Lo mejor de todo es el lirismo hermoso y evocativo de la prosa aquí. Los autores han logrado un lenguaje espiritualmente elevado, propio de la gracia y belleza de las mismas ballenas. Una apreciación multidisciplinaria y magistral de una de las criaturas más extraordinarias de nuestro asediado, pero aun así redentor planta natal.

—Michael P. Branch
autor de *Raising Wild* y *On the Trail of the Jackalope*

*Tocado* es una maravillosa y comprensiva visión general de la magia de las ballenas grises y la Laguna San Ignacio, una historia exitosa de conservación de importancia global.

—Serge Dedina, PhD
director ejecutivo de WILDCOAST, autor de *Saving the Gray Whale*

En este extraordinariamente hermoso libro, el lector es elevado sobre las alas de un poeta, dos científicos y un dedicado residente local de la Laguna San Ignacio—los cuales convergen en su apreciación del vínculo espiritual entre humanos y cetáceos. Ahora estoy convencido que la ballena (en lugar de un peludo, bípedo primate) debería ser nuestro animal totémico. Las maravillosas fotografías cuentan sus propias historias, mientras ilustran la textual. Planeo ir a vivir la experiencia como turista en la Laguna San Ignacio, pero en verdad lo considero una peregrinación para comprender mejor mi alma.

—William A. Douglass
autor de *Whose Fish Is It? The Sport-Fishing Conundrum in the Contemporary World*

Este libro es un viaje hacia lo milagroso. Explorando historias humanas de conocedores locales de las ballenas y poniendo la ciencia a servicio de su majestuosidad. El libro contiene una exquisita belleza de pensamiento y una elegancia en escritura que honra el alma de ballena de los océanos. El lector es transportado a la experiencia de acariciar y ser tocado por ballenas, quienes lo ofrecen a pesar de todo lo que les han hecho los humanos. Este libro plantea una exigencia sensacional: que tratemos de elevarnos a su nivel.

—Jay Griffiths
autor de *How Animals Heal Us* y *Wild*

Ese fue el mejor día de mi vida. Qué experiencia tan fenomenal. Épico. Épico. Épico. [Acerca de visitar a las ballenas grises en la Laguna San Ignacio.]

—Stephen Fry
escritor, actor, adicto a las ballenas de toda la vida

Como antídoto a la desesperanza, la recuperación de las ballenas grises es una de las historias de mayor éxito ambiental del mundo. Si tienes la suerte de visitar la Laguna San Ignacio en el momento correcto, puedes tocar una ballena gris—tal como lo hizo Pachico Mayoral hace tantos años. Si no puedes hacer esa peregrinación, toca a las ballenas leyendo este libro. En cualquiera de los casos serás tocado de regreso.

—Rob Jackson
científico climático de la Universidad de Stanford, presidente del Proyecto Global del Carbono
autor de *Into the Clear Blue Sky*

*Tocado* es más que una historia; es un testamento al poder transformativo de las conexiones entre especies. Es una invitación a reimaginar nuestra relación con lugares y seres salvajes que encontramos, enfatizando nuestra profunda interconexión y dependencia mutua con el mundo natural. La gama de perspectivas abarca la conmovedora historia de la caza de ballenas, la esencia evocadora del lugar, el discurso académico sobre la biología de una especie, la sabiduría local y el matizado ámbito de la experiencia política. Al juntar a estos cuatro distinguidos pensadores, el libro subraya el papel fundamental del diálogo interdisciplinario, ofreciendo modelo para trazar un camino hacia una política significativa. *Tocado* es una lectura obligatoria para cualquier persona apasionada de la justicia ambiental y comprometida a co-crear un futuro sustentable que beneficie no sólo a los intereses humanos, pero también los grandes ecosistemas, de los cuales formamos parte.

—Sara Michas-Martin
profesora de humanidades ambientales de la Universidad de Stanford, autora de *Gray Matter*

*Tocado* es un homenaje a las maravillas silvestres de la Laguna San Ignacio, pero también es una exploración profunda a nuestras relaciones con otras especies, la importancia que surge de un sentido de lugar y los grandes esfuerzos requeridos para protección a largo plazo del mundo natural.

—Lauren E. Oakes
autora de *Treekeepers* y *In Search of the Canary Tree*

Las ballenas grises de la Laguna San Ignacio comparten las intimidades de sus vidas en estrecha proximidad con los seres humanos. Ninguna otra ballena se acerca tanto a nosotros, en ninguna otra parte del mundo. Este buen libro es el primero en decir, en varias voces, esta increíble historia.

—David Rothenberg
autor de *Whale Music* y *Survival of the Beautiful*

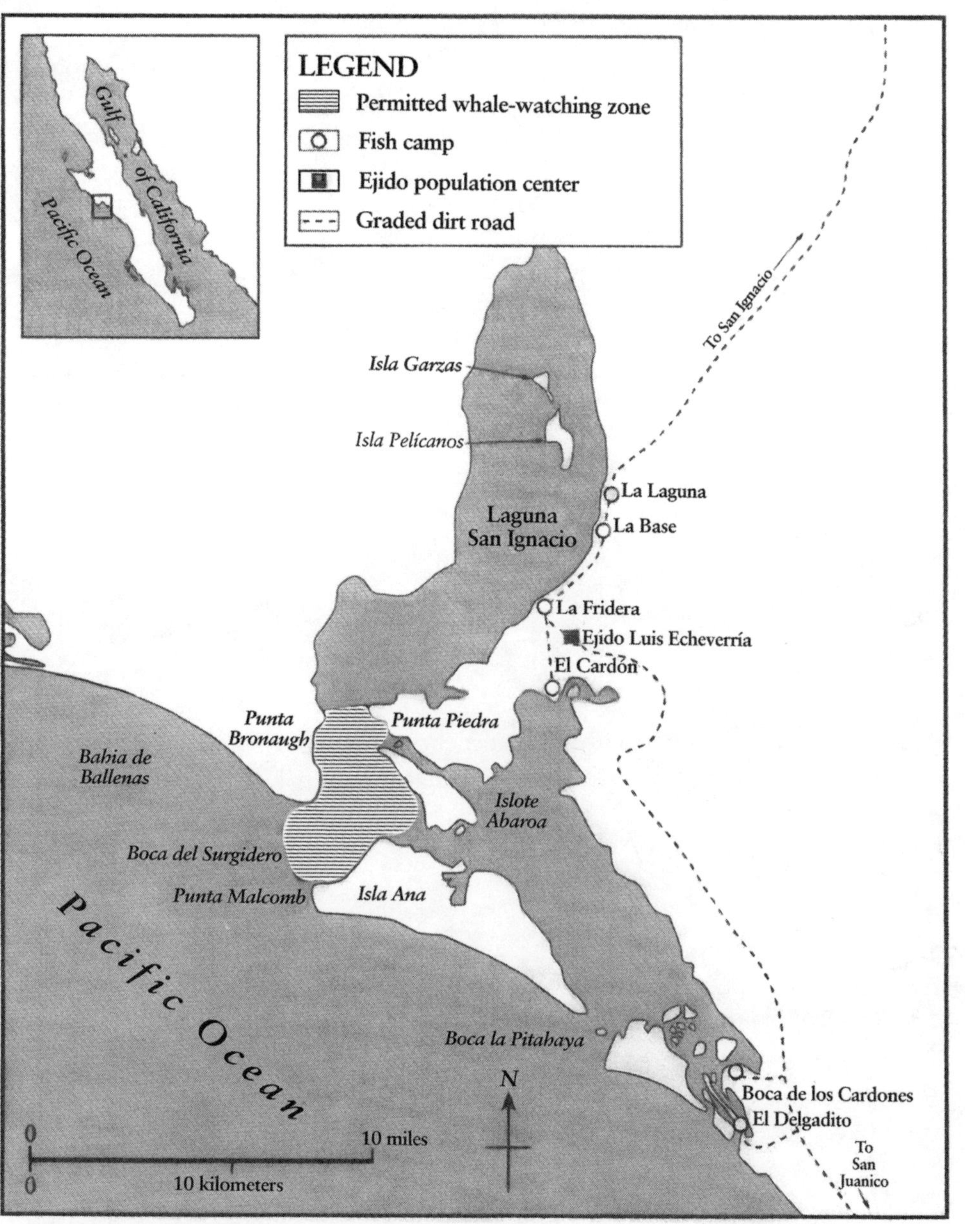


Mapa 2.2 de *Saving the Gray Whale: People, Politics, and Conservation* por Serge Dedina, PhD

# TOCADO

## Revelaciones en Laguna San Ignacio
## espíritu ≈ ciencia ≈ gente ≈ acción

Ensayos de

Steven Nightingale

Steven L. Swartz

Pancho Mayoral

Richard J. Nevle

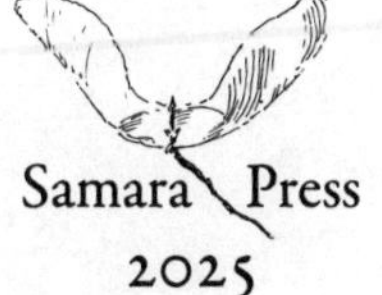

Samara Press

2025

ISBN: 978-1-955140-04-01
Número de Control en Biblioteca del Congreso: 2024934164
Impreso en Estados Unidos de América

Samara Press
950 Joaquin Miller Drive
Reno, Nevada 89509
USA
www.samarapress.net

Fotografías de portada por:
Amílcar Hernández (edición en español)
Richard German (edición en inglés)

A Pachico Mayoral
*In memorium*

y

A Ejido Luis Echeverría Alvarez
y la comunidad entera de Laguna San Ignacio

y

A las ballenas grises del mundo

# CONTENIDOS

# ESPÍRITU

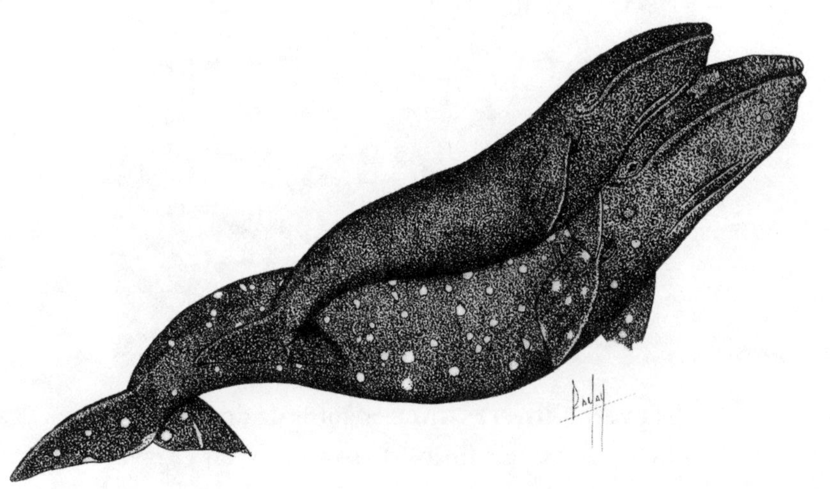

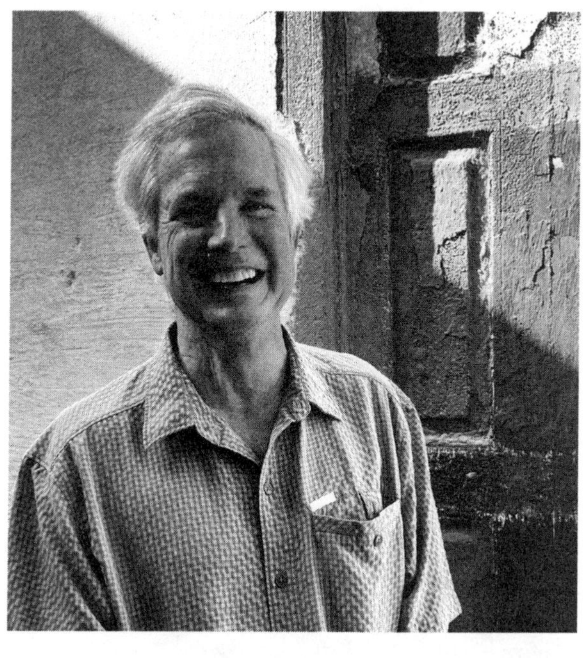

**Steven Nightingale** es autor de doce libros: dos novelas, seis libros de sonetos y un ensayo largo acerca de Granada, España; *The Hot Climate of Promises and Grace*, un libro de cuentos cortos acerca de mujeres extraordinarias; y recientemente, un libro de haiku, *Incantations*. Es coautor de *The Paradise Notebooks*, una meditación sobre la Sierra Nevada.

# UNA LLAVE A LA PUERTA DEL FUTURO

STEVEN NIGHTINGALE

TRADUCIDO DEL INGLÉS POR TERESA SOTO TAFALLA

*El Paraíso es de la opción.*
—Emily Dickinson

Ballenas.

Es difícil pensar en una criatura más asentada en el imaginario humano. Están por todas partes, y no iba a ser menos el texto fundacional del judaísmo y de la cristiandad, el *Génesis*. En palabras de la versión del Rey Jacobo: *Y creó Dios majestuosas ballenas, y los seres vivientes que se deslizan y que las aguas fueron produciendo según sus especies, y las aves aladas según sus especies. Y vio Dios que era bueno.*

Podría haberse nombrado a cualquiera de los innumerables animales de la Tierra, pero resulta extraordinario que, en una de las primeras secciones del *Génesis*, únicamente se mencione a la ballena; al resto de los animales se les menciona con un lenguaje genérico: aves de todo tipo, reptantes, ganado, etcétera. La presencia de la ballena en los primeros versos de la Biblia, hace dos mil quinientos años, ya denota la relevancia y grandeza de su existencia en nuestro imaginario.

También disponemos del cuento de Jonás en la Biblia y Yunus en el Corán. En ambas versiones, los hombres rechazaron su asignación de predicar a las personas de la Tierra. En ambos casos, muestra ira hacia los mismos que debería estar ayudando. Y en ambos casos pasa tres días y tres noches en el estómago de una ballena; y allí se arrepiente, aprende, comprende. Solo entonces, la ballena, en concordia con la voluntad divina, le deposita en la costa para que pueda volver a empezar su obra de fe.

Lo más conmovedor es que, en ambos textos sagrados, la ballena obra mano a mano con lo divino para corregir el desaire de los hombres; y obra en favor de la paciencia y la revelación.

Las ballenas continúan esta labor.

La Laguna San Ignacio es el lugar de apareamiento y alumbramiento de la ballena gris. Las ballenas vuelven a la laguna en enero, tras la migración a las aguas del Ártico, donde se alimentan. Son muchas las especies de ballenas que acuden a lugares refugio de este tipo. Aunque la laguna es distinta.

En 1972, Pachico Mayoral, pescador que faenaba en las aguas de la Laguna San Ignacio con su barco, avistó a una ballena gris nadando cerca. Muchos pescadores que viven y trabajan en la laguna las temen, puesto que fueron llamadas «peces del demonio» por los primeros balleneros a causa de su agresividad y, en ocasiones, violentas acciones emprendidas cuando se arponeaba a sus crías. La ballena gris tiene una fuerza magistral. De sus cuarenta toneladas, más de doce residen en el músculo que utiliza para mover la cola. Cualquier ballena gris puede reducir un barco a trozos del tamaño de cerillas con facilidad.

En la laguna, ese día una ballena se fue aproximando cada vez más al barco de Pachico.

Lentamente, con tentativas, silencioso, Pachico hizo lo que nadie suele hacer; hizo el gesto más osado, extraño y simple: alargó el brazo y tocó a la ballena.

Imaginemos la Capilla Sixtina en Roma: la mano de Dios llegando tocar la mano de Adán. La pintura busca exponer el aliento de vida en el cuerpo y la mente a través de una necesaria y hermosa espiritualidad.

Con la caricia de Pachico, la historia de nuestros días inicia una nueva visión de la humanidad y, con ella, el lugar verdadero que ocupa en la creación. Es una historia que muchos conocemos, un sueño común que se mantiene mientras vemos las puertas de la historia cerrándose con fuerza a nuestro alrededor. En aquel momento, Pachico consiguió una llave a la puerta del futuro.

Después de aquel momento, el mundo ya no es el mismo. Nos reunimos aquí, todos nosotros, en este libro, para contar por qué.

Permitidme, recordando a Pablo Neruda, ilustrar nuestra tarea a través de la poesía planteándonos algunas preguntas.

*¿Por qué la historia quiere cerrarnos la misma puerta oscura en nuestras narices?*

*¿Piensa el hombre que el mundo de los vivos es un lugar donde solo cabe la oscurida imperiosa y el escenario de la masacre?*

*¿Por qué tantos claman que es demasiado tarde?*

*¿Acaso no tenemos anhelos, sueños, amores, proyectos y esperanzas bullentes?*

*¿Y si la oscuridad y la masacre son miserables, temporales e ignorantes?*

*¿Y si se acobardan?*

*¿Y si en cada uno de nosotros hay un nuevo mundo esperando, avecinándose, lúcido y renaciente?*

*¿Y si en nuestras manos estuviera transformar el mundo en una comunidad de cuidados y belleza?*

*¿Y si es ahora, justo ahora, cuando tenemos la oportunidad?*

*¿Y si el paraíso es de la opción?*

Para respondernos estas preguntas, es necesario apuntar algunos aspectos relacionados con las ballenas, para tener una base de la que partir en este viaje en común.

Son los mamíferos más grandes de la Tierra; hasta donde sabemos, el más grande que ha existido.

Una ballena gris adulta pesa cuarenta toneladas. Un rorcual común, más de sesenta. Por utilizar otra medida, el corazón de una ballena azul pesa dos toneladas. Sus arterias principales son lo suficientemente grandes como para servir de parque a los niños. Y el corazón bombea sangre a un cuerpo de ciento cincuenta toneladas latiendo tan solo ocho veces por minutos con una potencia monumental. Como si brindaran el mismísimo pulso del océano.

Las ballenas poseen los cerebros más grandes de la Tierra. Un cerebro humano pesa casi un kilo y medio y, el de una ballena gris, casi cuatro kilos y medio. El de la ballena azul, unos siete. Y los cachalotes tienen los cerebros más grandes que se conocen: pesan ocho kilos. Sus cerebros se parecen a los nuestros: están divididos en hemisferios y cuentan con una corteza cerebral con circunvoluciones visibles e intrincadas. Es más, las ballenas barbadas, del mismo modo que las ballenas grises o las jorobadas, tienen cerebros con circuitos corticales parecidos a los de los primates, y neuronas especializadas que reciben el nombre de células fusiformes. Y en general, las ballenas (dependiendo de la especie) disponen de regiones neuronales profundamente engrandadas, como las

que están especializadas en la recepción del sonido y el tacto. Aún no conocemos la capacidad de estos cerebros de prestar conductas comunicativas y de inteligencia; en lo relativo al cerebro, no se conocen tejidos más complejos en la Tierra que los de las ballenas y los humanos. Esto nos conduce a la noción obvia de que la mayoría de nosotros sabe, de hecho, muy poco sobre las capacidades reales de nuestra propia mente; e incluso menos sobre el genio de una ballena. Son muchos los que aseguran que, al mirar a los ojos de una ballena profundamente, les ha sido transferida lo que algunos refieren como campo de fuerza inteligente; con la fuerza de una tempestad.

Las ballenas cantan, es algo hermoso. Las jorobadas tienen un repertorio de cantos elaborados con una paciencia impecable y una lenta improvisación, que comparten en todos los océanos. Roger Payne, en su extraordinario libro *Entre Ballenas*, afirma que las canciones humanas y las de las ballenas comparten los mismos elementos. Recabemos algunos. En ambos casos se sirven del ritmo; se ciñen a una melodía, a la que vuelven; componen piezas tanto breves como más largas, tan largas a veces como una sinfonía. Hacen uso de las escalas; combinan la percusión con tonos puros y melodías más extensas; además, me encanta poder decir que usan la rima. Como hombre que escribe sonetos a diario desde hace más de veinticinco años, no había sido consciente de que mis rimas humanas no eran más que continuaciones de una práctica de unos animales que han desarrollado su arte durante aproximadamente cincuenta millones de años.

Me dieron ganas de volver a empezar, de escuchar el arte de los maestros y retomar mi tarea, habiéndome beneficiado de su aprendizaje y de la belleza tan devocional de sus composiciones.

Las ballenas migran. Cada año, la ballena gris se desplaza entre las lagunas de Baja California, zona de apareamiento y alumbramiento, y las frías y tumultuosas regiones del Ártico, donde se alimenta; en un camino de ida y vuelta. Es un viaje de más de ocho mil kilómetros en cada dirección, y supone la migración más larga y extraordinaria de los mamíferos de la Tierra. Además, exige un dominio altísimo de las habilidades de navegación y de los cuidados, ya que, en el transcurso de la migración hacia el norte, los ballenatos, de apenas meses de vida, nadan junto a sus madres. Entre otras tareas de cuidado, las madres deben proteger a sus crías frente a las orcas. Han de ser guía en todo el trayecto: un viaje trepidante como ningún otro que emprenden madre y recién nacido.

Compartir el planeta con estas criaturas ya es motivo de embrujo y gratitud. De alguna forma, nuestra relación con este animal icónico arroja luz a nuestro vínculo con el mundo natural, con la biosfera, de la que formamos parte y en la que debemos vivir.

¿Cuál ha sido esa relación? Durante gran parte de nuestra historia, esa relación fue curiosamente la actividad ballenera. Es un término extraordinario, de lo más inocuo e inerte; podría describir una aventura altruista y enriquecedora en alta mar. Pero, como es habitual, la historia de nuestras excursiones no refleja con su lenguaje la realidad, es un término destinado más bien a esconderla. Como si nos refiriésemos a la esclavitud como «propiedad de bienes muebles en agricultura»; a la tortura, «técnica de interrogatorio mejorada»; al asesinato, «eliminación con prejuicio extremo»; como si habláramos de la exterminación con la expresión «acabar con las cucarachas». Como especie, utilizamos el lenguaje para ocultar nuestras acciones ante los demás y para evitar enfrentarnos al verdadero nombre de nuestras intenciones y nuestros actos.

Realmente, lo que el término significa es carnicería de ballenas. Los barcos balleneros eran los mostradores de corte del océano, así que cada barco se organizaba y equipaba con todo lo necesario para disponer de su propio matadero. La actividad ballenera embarcaba una campaña de exterminio tan efectiva que casi logramos vaciar los océanos de ballenas.

A continuación, se cuenta la historia más breve del funcionamiento de este programa de matanza.

Las culturas balleneras más antiguas fueron la coreana, la vikinga, la japonesa y la vasca. Los vascos fueron pioneros de la actividad ballenera en Europa en una época en la que abundaban las ballenas en los océanos, puesto que supuestamente era un animal sin depredadores. Su enorme tamaño, su hábitat amplio, la compleja organización social, seguido de unas habilidades de navegación y comunicación muy desarrolladas les confería pocos motivos para temer a otras especies, mucho menos a la nuestra. Que el más grande y poderoso animal de la Tierra sea también el más pacífico es extraordinario. Y su presencia en los océanos, que se remonta a cincuenta millones de años, les ha otorgado un grado de desarrollo corporal y cerebral que, aún a día de hoy, escapa a nuestro conocimiento.

Pusimos en marcha la cacería con vigor a comienzos del siglo XVII. El método era el siguiente: del gran barco ballenero bajaba un pequeño bote al agua que se iba aproximando despacio a la ballena, quien nadaba en la superficie para respirar, descansar o dormir. Cuando estaba lo suficientemente cerca, un hombre cogía impulso y clavaba el arpón en la carne de la ballena lo más profundamente posible. Agonía repentina y sin precedentes. La ballena, desesperada, se sumergía, nadaba y hacía intentos de escapar, y con ella arrastraba al bote mediante la cuerda, hasta que, con el tiempo y el peso muerto del bote, con la tortura del arpón y la pérdida de sangre, la ballena quedaba agotada. El

bote, entonces, se desplazaba junto al cuerpo, y el timonel se servía de un arpón de tres metros y lo clavaba todo lo rápido que podía en el cuerpo de la ballena, en busca de los pulmones, del corazón: cualquier órgano vital era válido. Pasado un tiempo, la ballena moría en un agua de reluciente carmín a causa de la pérdida de sangre.

Esta sencilla logística de asesinato provocó, por supuesto, una avalancha de ingenuidad masculina. Primero, un cañón que podía instalarse en los botes de persecución, con el cual, al dispararlo, el arpón pudiera atravesar aún más carne de ballena. Además, cuando la ballena moría, estos hombres hallaron la forma de solucionar el pernicioso hándicap de que algunas, como la ballena azul o el rorcual, se hundían al morirse.

Los carniceros de ballenas dieron con una solución con mucha inventiva: se clavaba una estaca hueca en el cuerpo de la ballena para que el aire pudiera bombearse en el cadáver, permitiendo así que se descuartizara más fácilmente.

Y una cuestión obvia: ¿por qué alguien tenía que perder el tiempo y enfrentarse al peligro de conducir a la ballena a un estado de extenuación? ¿De verdad no había otra forma más rápida de matarla? Otro de los avances llegó aún más lejos: el arpón explosivo, que detonaba dentro del cuerpo de la ballena y despedía afiladas piezas de acero, carenándole el cuerpo. No siempre funcionaba, pero la explosión iba acompañada de un grado de agonía y sufrimiento mucho mayor que reducía sus posibilidades de escapar.

Desearía poder escribir que aquí se acaba la historia, pero no. Los japoneses tampoco se quedaron atrás en este concurso de inventiva. Cazaban ballenas con redes y las atraían hacia los barcos. Después, se agrupaban para incrustar tapones de madera en los espiráculos de las ballenas y así asfixiarlas. Todo intento de la ballena de coger aire con sus enormes pulmones solo conseguía asegurar más firmemente los tapones gigantes. Bueno, también estaban los hombres de las Islas Feroe, archipiélago del Atlántico Norte a medio camino entre Noruega e Islandia. Habían desarrollado una técnica especializada propia.

Primero, conducían a una manada de calderones hacia una bahía lo suficientemente estrecha como para matar más cómodamente. En el primer asalto, se preparaba un cuchillo de acero de cuarenta y cinco centímetros para clavárselo en la cabeza, lo más cerca posible de la parte frontal. Una vez clavado, la cuerda atada al acero podía utilizarse para arrastrar a la ballena, acercarla y propinarle otra tanda de puñaladas. Al mismo tiempo, uno de los carniceros, en posesión de una hoja específica para la tarea, se ponía a trabajar: empezaba por serrar directamente en la carne de la parte posterior de la cabeza. La sierra continuaba hasta que la hoja penetrase a una profundidad suficiente como

para cortar las arterias del corazón o, mejor aún, la médula espinal. Esta capacidad de desmembrar a una ballena viva es tradición en la comunidad, fiero orgullo masculino.

Estas hazañas se han documentado explícitamente y, por ellas, sabemos que casi un cuarto de millón de ballenas francas fueron apuñaladas y descuartizadas, una práctica que revela que la humanidad, durante siglos, ha sido capaz de deleitarse con lo macabro y lo diabólico.

También pueden consultarse otras iniciativas pioneras como el arpón eléctrico. El mismo arpón se utilizaba para soltar una descarga eléctrica mortal a la ballena. Como la grasa no es buena conductora, las partes más sensibles de la ballena eran las únicas que soportaban la descarga en su máxima potencia: los ojos, la boca, el aparato genital..., es mejor no seguir. De hecho, el arpón eléctrico era mucho menos eficaz que el arpón explosivo, así que, perdió popularidad.

A los noruegos se les ocurrió matar a las pequeñas ballenas Minke. Utilizaban pistolas para elefantes, que disparaban con la idea de acertar en el cerebro del animal. En el mar, desde barcos que se zarandeaban con las olas y cuyo blanco era una ballena en movimiento.

Conforme iban desapareciendo las ballenas en todo el mundo, la tecnología profundizó su imaginario letal. Los barcos de matanza aumentaron de tamaño y pasaron a conocerse como buques factoría. Se empezaron a utilizar helicópteros y aviones de avistamiento para buscar ballenas. Luego, se enviaban una o dos docenas de lanchas motoras para matarlas con un poderoso arpón explosivo mejorado. En ocasiones, para que la matanza fuera más sencilla, se hacía uso del sonar para localizar y aturdir a las ballenas, quienes emergían a la superficie presas del pánico. Una vez muertas, los cadáveres se remolcaban a los barcos-carnicería para el «procesamiento». En el mundo ballenero, el significado de esta palabra abominable apenas ha cambiado: sigue haciendo referencia a despedazar metódicamente a la ballena.

La primera etapa de este trabajo se conocía por «desollado». La palabra en inglés, *flensing*, es un ejemplo de que una fonética desagradable puede hacer justicia a la práctica que describe. Se realiza un corte en espiral a través de la grasa de la ballena de muchos centímetros de profundidad. Después, se fija una cuerda con un garfio afilado a la carne de la cabeza del corte. Con el uso de un potente cabrestante, la capa entera de grasa se separa lentamente del cuerpo, mientras la ballena gira en el agua. Lo que queda son lengua, ojos, aparato genital; músculo, carne, hueso. La ballena entonces se despiezaba,

aunque algunas partes, como las barbas y el espermaceti, se reservaban para usos especiales y muy valiosos. La idea era aprovechar todas las partes para su uso o consumo.

¿Qué hemos hecho entonces con las ballenas?

Las quemábamos, y utilizábamos el aceite extraído de la grasa para iluminar nuestras calles y fábricas. Nuestras máquinas se servían del mismo aceite para lubricarse; se incorporó también en cosmética (bálsamos, cremas para la piel y pomadas). Las quemábamos en casa: el espermaceti de los cachalotes se utilizaba para fabricar velas de un coste muy elevado en los siglos XIX y XX. De hecho, la unidad de medida de iluminación (un término que conocemos por candela), solía basar su definición en la combustión de estas velas: la luz emitida por una vela de espermaceti puro combustiona a 7,77 gramos por hora.

Nos las comíamos. La carne de ballena se estuvo vendiendo en la sección gourmet de Macy's hasta 1973. En países como Noruega y Japón, donde se la matanza de ballenas se ha considerado una práctica noble y una tradición cultural, la carne de ballena formó parte de su gastronomía nacional hasta hace poco. Y la Iglesia Católica decidió que la ballena era un «pez,» por lo tanto, se podía comer los viernes. Y no solo la carne. El aceite de ballena se infusionaba para hacer margarina y se añadía a los jabones. Son muchas las generaciones que se han enjabonado el cuerpo con ballenas y han comido ballena en la tostada.

Luego están las fantásticas barbas, muy útiles. Son las partes de la boca que la ballena azul, la jorobada, la gris y la franca (entre otras) utilizan para alimentarse; sirven de tamiz para llegar al plancton y el kril. Esta materia, principalmente compuesta de queratina, es fuerte y flexible; puede calentarse y moldearse. La utilizamos en las sombrillas. Rellenamos sofás con ellas. Fabricamos cañas de pescar y calzadores, porras policiales, látigos y los refuerzos de los corsés.

Aunque, lo que sin duda tiene que aparecer en el catálogo de lo grotesco, es esto: el espermaceti se utilizaba como componente especializado de los misiles intercontinentales y los satélites espía. Una sustancia poco frecuente y extraordinaria, que reside en una cavidad de la cabeza de los cachalotes (los animales con el cerebro más grande de la Tierra y uno de los mamíferos más grandes y pacíficos que existen), acaba por incorporarse en armas diseñadas para la exterminación de poblaciones humanas y cualquier otra forma de vida a su paso. Existe, quizá, cierta simetría en este hecho miserable, puesto que la campaña de exterminación de las ballenas, ya naturalizada en el marco de nuestra histórica campaña de lucha del hombre contra el hombre (pareciera que siempre tuvieran que ser hombres), nos sitúa a tan solo un paso de la extinción.

¿Cuántas ballenas hemos matado? Aun dejando a un lado los siglos XVIII y XIX, época de apogeo de la matanza de las ballenas, y concentrándonos en el siglo XX, damos a conocer tan solo algunas cifras, pertenecientes a la investigación de Rebecca Giggs:

> «Supuestamente, la caza de ballenas tendría que haber seguido los mismos derroteros que el espiritismo de salón y las sanguijuelas medicinales, preocupaciones victorianas que la ciencia desacreditó tras hacer sonar las alarmas. Sin embargo, entre 1900 y 1999, se estima que se mataron a unos tres millones de cetáceos y se eliminaron de los océanos mundiales. Este número es superior al de ejemplares que se pescaron en el resto de los siglos anteriores. Los científicos estiman que la biomasa total de ballenas barbadas en los mares en torno a la Antártida se redujo en un 85%.»

La mayoría de las especies de ballenas iban camino de la extinción. Por poner solo un ejemplo: cuando se inició la moratoria de caza de ballenas en 1986, solo quedaban 10 000 ejemplares de ballena azul de una población originaria de 250 000. Y fueron diseminadas por todo el mundo. La ballena azul había sido abundante especialmente en la Antártida, donde se estimaban unas 200 000, de las que solo quedan 450 ejemplares.

Podríamos preguntarnos, entre tanto recuento de muerte, sobre la muerte natural de las ballenas. Como, en principio, no tienen depredadores, perecen de muerte natural en el mar. ¿Cómo son estas muertes?

Su forma natural de morir tiene nombre acuñado: caída de ballena. Giggs, en su magistral libro *Fathoms: The World in the Whale* (que en español podría traducirse como *Brazas: El Mundo en la Ballena*), tiene una descripción de la caída de ballenas de varias páginas que recomiendo a todos los lectores. Por esbozar un resumen, la muerte de una ballena en mar abierto es un proceso lento y elegante de retorno a la vida del océano. Primero, flotan en la superficie, y ofrecen alimento a cangrejos, aves marinas, tiburones; hasta que semanas después, comienza un lento descenso al fondo oceánico; durante esa caída, cada vez más lenta, es el turno de alimento de nuevos merodeadores. Una vez en el fondo, el cadáver de la ballena se convierte en nada menos que en un ecosistema propio para las galácticas y extrañas criaturas que habitan las profundidades. Como si fuera el tesoro oculto en la cueva de Alí Babá. Giggs escribe:

> «La vida brota. La ballena parece que fuese una piñata que se rompe y arroja brillantes tesoros. En el cuerpo se reúnen moluscos del tamaño de una moneda, almejas lucínidas, lapas y criaturas crepitantes que viven del sulfato. Son más de doscientas las especies que ocupan el cuerpo de una ballena... de hecho, algunos organismos que nacen en el cuerpo de la ballena se

> conocen como 'especies fugitivas.' Algunas solo viven en cuerpos de ballenas muertas. El cuerpo de la ballena es, en su resplandeciente chorro de vida, una bendición...»

La verdad, es un final muy diferente al de acabar siendo usadas en misiles intercontinentales y corsés, en látigos y relleno de sofás.

Reúno todos estos hechos y esta historia porque conviene tenerlos en mente en nuestro viaje común hacia la Laguna San Ignacio, un lugar profético. Lo que significa es muchísimo más de lo que es. Y para entender el significado que puede tener, tenemos que continuar planteándonos preguntas.

Roger Payne nos ofrece, en *Entre Ballenas*, una pregunta indispensable: ¿y si el mundo salvaje está esperando a entablar amistad con la humanidad? ¿Qué ocurriría si nos acercásemos a las criaturas salvajes con curiosidad, afecto y humildad? ¿Qué tipo de vínculo podría generarse? ¿Cómo nos cambiaría? ¿Se podría trazar una nueva línea en el arco de nuestro futuro, una que se incline hacia la belleza y la gratitud? ¿Será esta, justo en este momento, en este lugar, nuestra oportunidad más importante en la Tierra? ¿Podríamos despertar hacia un sentido exultante, en el que el día a día del mundo natural depare redención, alimento espiritual, un orden radiante repleto de vida y regalos?

Desde la primera caricia de Pachico, el número de *ballenas amistosas* se ha multiplicado año tras año. En la Laguna San Ignacio se ha limitado el alojamiento de los viajeros que quieran experimentar el embrujo de habitar entre ballenas grises durante unos días. La laguna es Reserva Internacional de la Biosfera, y las expediciones balleneras están restringidas en tiempo y número, además de sometidas a supervisión estricta. Los visitantes viajan juntos a la laguna en pangas, unas pequeñas embarcaciones de Baja California excelentes y muy estables, acompañados de un responsable que ha vivido prácticamente toda su vida entre las ballenas y dirige el barco entre ellas con un talante respetuoso. En la mayoría de estos trayectos, y casi todos los días, las ballenas acuden.

Claramente, resultará imposible explicar con palabras cómo son esos encuentros. No obstante, conviene que lo intentemos.

En febrero es habitual ver a las ballenas aparearse. La última vez que me aventuré a la laguna, pudimos asistir a un apareamiento muy cerca de la panga, en la misma superficie del agua. El grupo de apareamiento estaba formado por tres machos y una hembra. Los machos no compiten, más bien son sus espermas los que compiten dentro de la hembra. Nunca he visto, ni leído, que los machos ataquen o se hieran unos a otros por ser los primeros en aparearse. De hecho, el movimiento y la manera de entrelazarse

del grupo fue de lo más jovial y juguetón. Los largos cuerpos relucientes de las ballenas reproductoras se enlazaban brillantes bajo la luz del sol. Se apreciaba un tumulto de agua blanca descrito por las ballenas, quienes nadaban, giraban, se inclinaban unas hacia otras y se separaban. Las aletas arqueaban repentinamente, quedando a la vista, y después se curvaban para desaparecer entre la espuma; luego otra aleta, más despacio, se detenía, y luego se desvaneció entre el movimiento colectivo. A veces hacía aparición un macho gigantesco, al que llamaron muy acertadamente «Pink Floyd» por su carácter legendario. El arremolinamiento y los movimientos rotatorios no cesaban; el agua brillaba y generaba espuma alrededor de los cuerpos mientras los machos buscaban la unión con la hembra. Retozaban con calma, de una forma extendida en el tiempo; era de una belleza y una potencia revoltosas, enardecedora y erótica, devota y exultante. Se daban los unos a los otros con una inmensa gracia. Una unión perfecta y bendecida, repleta de juego y ofrenda continuada. Hacer el amor como alimento, crear vida como bendición, el sexo como regalo divino.

Permanecimos bastante tiempo junto a este grupo de apareamiento hasta que nos fuimos, noventa minutos más tarde, y les dejamos brincando y revueltos todavía, sumidos en el deseo y la consumación.

Aunque no en todos los viajes a la laguna se tenía la suerte de encontrar un grupo de apareamiento. Había suerte de otro tipo; la belleza y los obsequios irresistibles de las ballenas grises se multiplicaban. Era frecuente que los capitanes de las talentosas pangas nos dirigieran, con cuidado, cerca de una concentración de ballenas. Había momentos de quietud. A menudo, nos encontramos rodeados de ballenas; a veces había hasta doscientos ejemplares en la laguna y podíamos verlos en todas direcciones y de muchas maneras: salidas del agua, asomos, subidas a la superficie para respirar, buceos y, en el caso de las madres y sus crías, juego intenso. Hubo ocasiones en las que una cría de ballena gris nadaba sobre la espalda o el estómago de su madre, mientras ella se arqueaba e inclinaba para dejar a su cría deslizarse. Se salpicaban mucho y se acariciaban el hocico. Nadaban juntas, la cría siempre muy cerca, un esbelto ejemplar de una tonelada, arrellanada y en contacto con su madre.

La primera vez que salí a la laguna fue hace ocho años, y recuerdo la conmoción, incredulidad y fascinación que sentí cuando una cría se alejó de su madre..., para nadar hacia el barco. Pensé que había entrado en una suerte de estado de ensoñación. No obstante, ahí estaba ella, junto a nosotros, asomando la cabeza hacia nuestras manos, con una curiosidad enérgica, en busca de un afecto de una belleza y fantasía espectaculares. Jamás se me habría ocurrido pensar que una recién nacida de la familia de mamíferos más grande que existe pudiera recordarme a un gatito. Permaneció junto al barco durante

veinte minutos, de mano en mano, buceando, subiendo a la superficie y volviendo hacia nosotros, salpicándonos y rociándonos. Pasaba por debajo del barco para emerger por el otro lado, yendo de nuevo de mano en mano. Ni uno solo de nosotros, nadie, se resistió a besarla. Algunos lloramos. Todos estábamos radiantes. Hay momentos en la vida que no pueden imaginarse por anticipado, puesto que hemos aprendido a limitar la profundidad de la alegría que podemos sentir y a negar categóricamente la posibilidad del milagro de estar presentes en un lugar común en la Tierra.

La cría gris nos dio una lección, también su madre. ¿Dónde estaba ella mientras tanto? En la superficie, quieta, a unos seis metros de distancia, masiva, extraordinaria, brillando con el sol. Cuando le pregunté a la bióloga marina qué es lo que estaba haciendo, de inmediato me dijo que se estaba echando una siesta.

Si alguna palabra podía aumentar aún más mi asombro sin límites, esa era siesta. La madre se estaba tomando un descanso del jugueteo y las cabriolas con su cría y nos la había confiado nada menos que a nosotros. En una vida larga ocurren muchas sorpresas que caen como un rayo, y esta respuesta me impactó con una fuerza de la que no creo que llegue a recuperarme nunca, y por ello estoy agradecido.

La madre gris nos había confiado a su cría en la Laguna San Ignacio, la misma a la que, durante décadas, acudimos a exterminar a las ballenas, una tras otra y día tras día, hasta su casi extinción. La forma más segura de atraer a la madre ballena era empalar a su cría. Así se hacía en la laguna. Las ballenas viven hasta setenta años. La matanza continuó parte del siglo XX. Los padres y abuelos de las ballenas que nadan entre nosotros fueron descuartizados aquí.

La prosa me falla. Así que empecé a escribir sonetos.

### Las ballenas hablaron

Madre y bebé ballena gris se acercaron
A nuestra barca chica. Como soy,

Como sois, no puede por más decirse
Si vienen a nuestras manos. A por
La sensación de tocarnos. Nos demandaron

Muy adentro el mundo mejor, el que
Tanto tiempo se buscó, el que
Necesitamos si hay querer vivir, el que
Por fin hará poder del perdón, el que

Acerca colosal belleza pura y peligrosa
A nuestras manos. La bebé ballena
Pesa tonelada y asomó gentil el rostro.

La acariciamos. La besamos. Ella se giró, levantó
La vista. Hacer el paraíso es obra nuestra.

He vuelto muchas veces a la Laguna San Ignacio, y puedo decir que está llena de milagros, todas y cada una de esas veces. Las crías vienen a ser acariciadas; también sus madres; también los machos solteros. Su piel es suave y sensible, tierna y consciente; sentimos que poseen un conocimiento misterioso sobre nuestra presencia e incluso sobre nuestras vidas. Buscamos, con nuestra caricia, transmitirles la gratitud que nos han infundado. Solo queremos aprender lo suficiente como para poder empezar a ser dignos de su cariño.

Cerca de nosotros, nadan en superficie. Sus enormes ojos de ébano alteran nuestras mentes y nos sumergimos en lo que únicamente puede describirse como un trance sanador de entendimiento. Cualquiera podría acabar con nosotros con un modesto golpe de cola, pero gracias al ambiente que se respira de confianza mutua, nunca he visto el miedo sobre una panga.

Me viene a la cabeza una definición antigua de la nobleza: noble es aquel que perdona cuando podría vengarse.

Pareciera como si las ballenas grises confiaran en que, como especie, pudiéramos recobrar la conciencia.

Pareciera como si, al mostrarse tal como son, en esta época de violencia brutal, quisieran decirnos que no es demasiado tarde para reclamar nuestra humanidad.

Pareciera como si despertaran en nosotros las esperanzas más jocosas para el futuro: si esta cercanía con ellas es posible, entonces cualquier cosa es posible, cualquier cosa buena lo es.

Pareciera como si nos ayudaran a soñar otra vez y a recordar que la Tierra puede volver a ser como en otro momento fue.

¿Quién podría negar que, cada año, en la Laguna San Ignacio, la ballena gris acude a enseñar? Es una enseñanza inolvidable, tan pujante en su combinación de poder y amabilidad, de fuerza titánica y belleza pacífica. Como beneficiarios de esta generosi-

dad, nos queda preguntarnos cómo podríamos honrar esta infusión de buena fortuna. ¿Podemos dejar de vivir como si la Tierra fuera posesión nuestra, podemos abandonar nuestro consumo rábido?

La Tierra existe por un motivo distinto: está aquí para que aprendamos. Si queremos aprender del mundo viviente, nuestros deberes son entonces la devoción, la protección y la apreciación. Nos enseñan que el paraíso está en otro mundo, en uno distinto. Pero ¿y si el paraíso siempre se nos ha mostrado aquí, cada día, y lo hemos negado con nuestra negligencia, vanidad y avaricia?

Abusamos con violencia del mundo viviente, es un hecho que ha ocurrido durante tanto tiempo que ahora estamos en riesgo de perderlo y, con ello, perdernos a nosotros. Casi exterminamos a la ballena gris. Ahora, en la Laguna San Ignacio, se elevan hacia nuestras manos para enseñarnos que es momento de soñar de nuevo; soñar con la sanación, la seguridad, con una transformación bella y beneficiosa de la historia: soñar con una cultura radiante que se abra ante nosotros si aprendemos, si vivimos, si amamos.

Es hora de traducir ese sueño en hechos. Ya es hora.

Tras una vida dedicada al estudio de las ballenas, a Roger Payne este sueño le es familiar. Escribe:

> «...tengo la sensación de que los problemas a los que nos enfrentamos brindan una oportunidad única para apostar por una grandeza que jamás ha sido ofrecida a las generaciones de cualquier otra civilización.»

En el transcurso de mi vida, dedicada a la poesía, una vez escribí sobre una esperanza que reside en los sueños del arte. La ballena gris ofrece una alianza con estos sueños de inconmensurable belleza. ¿Podemos trabajar juntos en favor de esta unidad de ballenas y sueños, poesía y arte, y todos nosotros con el mundo viviente?

La economía ha contaminado nuestra experiencia. Nuestro poder ha desbancado nuestro entendimiento.

Los políticos desprecian nuestros anhelos de seguridad. Doctrina y hábito confinan nuestro sentido de lo sagrado.

Pese a todo, en nosotros pervive el sueño ancestral de paz y concordia. Nos encontramos al principio de nuestra mejor oportunidad en la Tierra. Podemos responder a un reclamo urgente: conocer, más allá del progreso material, la gracia y la comprensión que

pueden dar sentido a tal progreso. Un conocimiento que traerá cambios de mentalidad para poder trabajar al servicio de la vida, en honor de la vida, con gratitud por la vida.

Sin esta manera de avanzar, nuestro progreso significará nuestro desmoronamiento, y nuestro futuro será tan indecible y atroz que las catástrofes del pasado quedarán en algo trivial y pintoresco.

Esta es la apuesta a mi entender. Si es esto sentimiento, la vida y el arte lo exigen. Si me he excedido, será porque busco compañía, para que nuestra unión conserve el mundo viviente. Si se trata de un proyecto imposible, habremos de prosperar y reír, y ser más listos que la imposibilidad.

Cuando me preguntan por qué tengo esperanza, respondo que no hay fuerza en la Tierra que se pueda resistir a que tú, lector, aquí con este libro entre las manos, conozcas el valor y la compasión de las ballenas grises. Es posible hallar un camino común hacia un futuro en el que bellamente confluyan los océanos, las ballenas y la poesía, el mundo salvaje y el mundo humano, toda naturaleza y toda cultura. Si la ballena gris puede confiar en nosotros y aprendemos de ella, hay esperanza.

Es esta: la esperanza de que, un día, veamos ante nosotros la Tierra sanada, lustrosa, valorada.

Viviremos en comunidades donde la justicia se anteponga y la generosidad ante la vida sea tan normal como el papel. Y, tras una ardua labor, despertaremos en la hora prometida, cuando nuestros hijos, con la luz de la mañana, sepan que el océano es el lugar de regocijo; cuando, en pequeños barcos, salgan a celebrar el día en que Pachico Mayoral, en 1972, en su barco de pesca sobre la Laguna San Ignacio, alargó el brazo para acariciar a una ballena gris que venía a recordarnos lo que es la vida.

## Y LAS BALLENAS GRISES SE ACERCARON

Ahora que confiáis en nosotros, sabemos
Que quizás hay esperanza. Nos enseñáis

Una caricia, solo una caricia, y puede decir
Toda la justicia, puede decir, mientras la historia
Agoniza, que podemos soñar juntos

La vuelta al mundo de la gracia,
Y de la belleza conocer su intimidad,
Una voluta de luz aún viva en el alma,
Nuestro hogar, nuestro núcleo: la costa

Donde ya no quedará nada nuestro.
Vivimos con vuestros regalos de misterio,
En el pleamar del milagro. Nos confiáis

El despertar. La historia no es veneno.
Nos enseñáis: el Paraíso es de la opción.

# CIENCIA

**Steven L. Swartz** es egresado de la Universidad de California en Santa Cruz, donde se le otorgó el doctorado bajo la tutela del Dr. Kenneth S. Norris. Ha investigado y publicado ampliamente acerca de las ballenas grises y sus zonas de reproducción en Baja California Sur. De 1977 a 1982 Steven y Mary Lou Jones condujeron la primera investigación sistemática de ballenas grises en la Laguna San Ignacio. En 2006, junto con Jorge Urbán Ramírez, fundaron el Programa Científico del Ecosistema de la Laguna San Ignacio (LSIESP) para apoyar y fomentar la investigación científica y el monitoreo de las ballenas grises y sus lagunas de agregación y reproducción en Baja California Sur, México. Steven fungió como consultor para la Secretaría de Medio Ambiente, Recursos Naturales y Pesca (SEMARNAP) del gobierno mexicano y trabajó para el Ocean Conservancy (anteriormente el Centro de Educación Ambiental), la Comisión de Mamíferos Marinos de Estados Unidos, el Servicio Nacional de Pesquería Marina y la Comisión Ballenera Internacional. Steven se retiró del servicio federal en el 2011 y ahora trabaja como consultor y científico sénior para organizaciones no gubernamentales enfocadas en la conservación ambiental y marina.

# UNA APRECIACIÓN DE LAS BALLENAS GRISES: BUSCANDO UN BALANCE

Steven L. Swartz

TRADUCIDO DEL INGLÉS POR
TABATA OLAVARRIETA GARCÍA Y REGINA LOBO BARRERA

*Tocar a una ballena no es tan importante,*
*como que la ballena toque tu corazón.*
—Steven Swartz, May 15, 2015

## Un Día en la Vida

El día acababa de empezar cuando entró una llamada por el radio. Un grupo de ecoturistas, que estaban haciendo la actividad de observación de ballenas, vieron una madre con cría, la cual estaba enmallada con equipo de pesca, arrastrando un cabo y una boya. Nuestro Jefe de Campo, Sergio Martínez Aguilar, respondió a la llamada y activó al grupo de RABEN*, la red de desenmalles en la laguna y así empezó la búsqueda por la cría enmallada. Los reportes indicaron que iban viajando al norte, por lo cuál se navegó en esa dirección y de manera sistemática nos movimos hacia el sur. Recorrimos dos tercios de la laguna sin éxito, antes del anochecer nos detuvimos y les pedimos a todos los tour-operadores que si al día siguiente veían al par nos avisaran.

Al día siguiente se reanudó la búsqueda y antes de medio día recibimos reportes que la madre y cría se encontraban dentro de la Laguna pero cerca de la entrada. Una vez que las encontramos, las observamos por varios minutos para evaluar la posibilidad de intervenir y retirar el equipo de pesca de la cría. Nos dimos cuenta que traía

*En 2014, the Natural Resources Defense Council (NRDC) proveyó una beca para entrenar y equipar a los pangueros para poder desenmallar a las ballenas en Laguna San Ignacio. RABEN (Red de Asistencia a Ballenas Enmalladas) es una red amplia a nivel nacional que realiza talleres y otorga equipo especializado en localidades costeras claves en estados como Baja California Sur, México.

un cabo azul, con un ancho de ⅜ de pulgada (1 cm), enredado en la boca y la cabeza, además de arrastrar una línea de 20 metros con boyas. Así que decidimos actuar y tratar de retirarselo.

Como primera medida, se sujetó una boya naranja grande al cabo que arrastraba la cría para reducir su velocidad de nado y poderla localizar con mayor facilidad. Esto con el propósito de aumentar el arrastre de la línea y cansarla para que nos permitiera acercarnos a cortar los cabos y liberarla. Bueno, pasamos más de una hora siguiéndolas por más de 10 km esperando que se cansaran, pero no pasaba. La madre y su cría constantemente evadían nuestra embarcación en cuanto intentábamos acercarnos. La mamá ballena no se separaba de su cría y la protegía poniéndose entre esta y la lancha. Las ballenas grises son madres increíblemente protectoras, y aunque nuestra intención era ayudar, no queríamos que se sintiera amenazada, ya que fácilmente podría voltear nuestra panga.

Eventualmente determinamos que sería prácticamente imposible tratar de desenmallar al animal con sólo una panga. Así que solicitamos asistencia a los capitanes de Kuyimá EcoTurismo, Alejandro Ramírez Gallegos ("Hardy") y Alejandro Gallegos ("Chino"), llegaron con una segunda embarcación y hablamos sobre el plan de acción. Intentaríamos guiar a las ballenas con una lancha de cada lado con la intención que la más cercana a la mamá la distrajera y la otra cortara las líneas que traía la cría. Después de algunos intentos la maniobra resultó exitosa, al cortar los cabos que tenía encima de la cabeza se redujo la tensión y se soltó todo. ¡Estaba libre! Se recuperaron 30 metros de cuerda y boyas. Para asegurarnos que la cría estaba bien la seguimos durante una hora con asistencia de un dron. Ambas ballenas fueron vistas de nuevo más adelante en la temporada, nadando pacíficamente.

Empecé a pensar sobre esta pequeña cría y lo que le deparaba su futuro. Probablemente nació en o cerca de Laguna San Ignacio, me pregunto hacia donde viajará a lo largo de su vida y que experimentará. ¿Cuántas migraciones hará hacia las zonas de alimentación en el Pacífico Norte, quizás hasta el Ártico, durante el verano? ¿Cuántas veces regresará a Baja California Sur durante el invierno y visitará las diferentes zonas de agregación de ballenas gris a lo largo de la península para reproducirse o tener crías? ¿Se convertirá en padre o madre y tendrá sus propias crías que perpetuarán su legado y continuará la historia viviente de la ballena gris?

Cuando pienso en las ballenas grises, me pregunto más allá de su biología e historia natural. De todas las cosas que me han enseñado, una resalta, y es que cada una tiene su historia personal, anclada en sus migraciones desde el norte, en las zonas de alimen-

tación durante el verano, hasta sus áreas de reproducción en la costa de la península de Baja California con aguas subtropicales. Gracias a la comparación de fotos de individuos a través de los años sabemos que pueden vivir más de 50 años, tiempo suficiente para experimentar varios eventos que la vida pueda presentar. Varias regresan cada invierno a la misma laguna ya sea para reproducirse o para dar a luz a la cría concebida el año anterior, mientras otras (especialmente los machos) vagan a lo largo del territorio en busca de oportunidades de apareamiento. Entonces, ¿qué se queda con ellas año con año? ¿Sus zonas favoritas de alimentación o invernales, las amenazas, encuentro con ballenas asesinas (orcas), o la gran cantidad de ecoturistas en las lagunas ansiosas por un encuentro cercano con estos mamíferos gigantes del mar?

En conclusión, sí, las ballenas llevan vidas individuales que, no muy diferentes a las nuestras, a lo largo se llenan de experiencias, unas buenas y otras no tanto. Para este afortunado individuo, su vida fue salvada de una muerte prematura y los eventos que le quedan por delante permanecerán privados y sin ser contados. Secretos que sólo ella sabrá y recordará, si es que recuerdan. ¿Recordarán este tipo de cosas? Aparentemente los elefantes lo hacen, ¿por qué las ballenas no?

En los últimos 40 años que he pasado con ballenas grises, después de estudiar su historia familiar, junto con mis colegas hemos aprendido mucho acerca de lo que biológicamente son. Pero a pesar de nuestros esfuerzos para comprender la motivación detrás de sus comportamientos, sólo hemos tenido vistazos de quiénes son. Nuestra misión para buscar el entendimiento de su mundo, sus experiencias y percepciones, cambiaría para siempre nuestra perspectiva de esta especie. Cimentaría nuestra actitud hacia la necesidad por la protección de este mamífero marino único y la conservación de sus hábitats esenciales.

## Los Inicios

¿Qué fue lo que nos trajo a Mary Lou y a mi al mundo de las ballenas grises y por qué se volvieron una fijación permanente en nuestras vidas? Era el invierno de 1977 cuando nos aventuramos por primera vez a la Laguna San Ignacio. Inicialmente nos embarcamos con la misión de investigación impulsada por la preocupación que ecoturistas de Estados Unidos realizando avistamientos de ballenas en México estaban molestando a estos animales en sus zonas de reproducción, lo que hubiera constituido una violación al reciente establecido Acto de Protección Federal a Mamíferos Marinos de Estados Unidos (MMPA) de 1976.

Mientras que nuestros amigos en el Museo de Historia Natural de San Diego, Instituto Scripps de Oceanografía y el San Diego Chapter de la Sociedad Americana de Cetáceos (del cuál fuimos miembros fundadores) estaban investigando estos rumores de las malas prácticas de observación de ballenas en Baja California, surgió la duda de quién iría y cuándo. En ese tiempo Mary Lou y yo éramos visitantes frecuentes de Baja California y estábamos familiarizados con el área en cuestión. Así que dijimos: "Bueno, podríamos ir a echar un vistazo y reportar de regreso."

Así comenzó el plan orquestado por el Dr. Ray Gilmore, Laura y Dr. Carl Hubbs para convencer al Museo de Historia Natural de San Diego en apoyarnos en nuestro primer viaje hacia Laguna San Ignacio. El museo también apeló a la Comisión Americana de Mamíferos Marinos, la cuál igualó la modesta beca proporcionada por el museo para garantizar que ellos fueran los beneficiarios de cualquier información que fuéramos capaces de obtener. Unas semanas después, dejé mi trabajo como educador en Sea World en San Diego y Mary Lou tomó un año sabático en la misma institución. Justo después del del año 1977, nos encontramos en camino con una van retacada de equipo para acampar y un bote inflable.

Nuestro destino: una remota laguna en la costa del Pacífico de Baja California Sur, conocida como Laguna San Ignacio. Sólo había una carretera pavimentada, la Carretera Federal #1. Al llegar al pueblo, te dirigías hacia el oeste unos 65 km sobre un camino sin pavimentar, rocoso, lleno de marcas de Jeeps, con planicies lodosas que se extendían a través del desierto hasta la costa. En este punto las condiciones se volvieron bastante rudas rápidamente, sin pueblos ni comunidades, sólo algunas casas dispersas y ranchos en los arroyos llenos de palmeras, donde agua del subsuelo sale a la superficie desértica, contrastando impresionantemente con los alrededores. Sin embargo, una vez alejados de esa zona, no había asistencia inmediata si nos quedábamos tirados, y vaya que pasó. Un amigo y productor de películas para National Geographic Society en su visita a la laguna anunció: "¡Bien podríamos haber estado camino a África!" Para nosotros está excursión se había vuelto una aventura de descubrimiento en vida real.

Nuestra llegada a la laguna fue tan impresionante como lo imaginamos, pero al mismo tiempo, en muchas formas, completamente diferente. Parados a la orilla del mar en nuestra primera tarde, el atardecer fue un poco intimidante. Habíamos llegado a este lugar gracias a consejos y experiencias ajenas, siendo los nuevos en la zona con cero experiencia previa, completamente forasteros. Después conocimos a los primeros locales, un pescador llamado Francisco "Pachico" Mayoral y su esposa Carmen. Sin tener idea de la influencia que tendría esta familia en nuestras vidas, en la actual

historia de la laguna o la suerte que tuvimos al volvernos amigos. Explicamos lo mejor que pudimos, con nuestro mínimo español, que veníamos a ver ballenas. Pachico nos aseguró que habían muchas y nos recomendó seguir manejando a lo largo de la costa hacia un rancho pequeño, del cuál podíamos observar unas luces pequeñas a la distancia. Para este momento estaba completamente oscuro y el viento soplaba violentamente del norte.

Después de unas cuantas vueltas equivocadas en la oscuridad, llegamos a La Freidera, rancho de Antonio Camacho y su familia. Sitio que hace ciento cuarenta años era una base costera "try works" en donde los balleneros del siglo XIX procesaban a las ballenas que cazaban. Ahora, esta familia vivía en los edificios que quedaban de ese antiguo establecimiento y se dedicaban a la pesca en las ricas aguas de la zona. Nos estacionamos en el lado sur de su hogar para protegernos del viento y sentar campamento sólo con la luz de los faros del carro. Después de cenar, bajó el viento y por primera vez escuchamos el sublime "woosh" de los soplos de las ballenas a la distancia. Bajo un cielo lleno de millones de estrellas, nos quedamos dormidos con ese maravilloso sonido.

## ¿Por Dónde Empezamos?

Al amanecer empezamos a explorar la laguna. "Santo cielo," exclamó Mary Lou, "¡es un océano!" ¿Cómo podríamos y deberíamos explorar y monitorear a las ballenas de manera efectiva en un lugar así? Los días y semanas siguientes circunnavegamos toda la zona y nos familiarizamos con las costas. Un sitio en particular captó nuestro interés, Punta Piedra, un promontorio rocoso que se adentraba en el agua, ubicada aproximadamente a un tercio dentro de la laguna desde la entrada del océano. Creaba una constricción por la cual las ballenas debían de pasar al entrar y salir del área. Ray Gilmore nos había comentado que este era el lugar ideal para observar el ir y venir de los animales. Pero, ¿cómo llegar ahí? Por horas caminamos alrededor del desierto y los manglares que rodeaban la zona para buscar un camino, pero sin éxito.

Le explicamos nuestro predicamento a Pachico y nos contestó: "No hay problema, yo los muevo a la punta con su equipo en mi panga." Llegó a la mañana siguiente y apilamos todo lo que traíamos en su panga, a excepción de la van. Una vez en el destino bajamos todo el equipo y comenzamos a armar una torre de observación que nuestro amigo Bob Mathers había fabricado con postes y soportes de aluminio. Justo antes del atardecer, con gran energía y de forma ceremoniosa la levantamos en la orilla del lugar. Con una altura de 5 metros, era la estructura más alta en varias millas, permitiéndonos ver en todas direcciones. Cenamos almejas frescas, vino tinto y tortillas

hechas por Carmen Mayoral. Nos acomodamos para pasar nuestra primera noche en Punta Piedra, junto con miles de ratones ciervo, lagartijas, unas cuantas docenas de coyotes y el sonido de las ballenas respirando a unas cuantas yardas de nuestras tiendas de campaña, el "Hilton de Punta Piedra" estaba funcionando.

Nuestro campamento era nuestra base central para todas nuestras actividades de los siguientes cinco inviernos en Laguna San Ignacio. De 1977 a 1982 Mary Lou y yo dirigimos los primeros censos de ballenas grises con bases científicas y documentamos las visitas de los barcos estadounidenses que realizaban avistamientos de ballenas en la zona. En ese tiempo establecimos el primer censo replicable desde una embarcación para estimar la abundancia de la ballena gris (el cual sigue en uso actualmente) y comenzamos estudios de foto-identificación para identificar individuos, sus movimientos y sus regresos anuales. Nuestro objetivo inicial incluía describir la oceanografía básica de la zona, sus sonidos submarinos (acústica) y el número de embarcaciones y sus pasajeros que visitaban cada invierno. Cuando concluyeron nuestros estudios en 1982 regresamos a la universidad para terminar nuestro entrenamiento académico y escribir y publicar nuestros resultados. Ah sí, y con un poco de suerte encontrar trabajo. Sin embargo, para este punto estábamos cautivos por la magia de la laguna, y como las ballenas, regresamos cada invierno en nuestra mente y pensamientos.

## La Historia Continua

En los 1990s surgió una controversia sobre planes para desarrollar una fábrica salinera solar de producción industrial en la Laguna San Ignacio. La pregunta era, "¿qué tan importante era esta zona para las ballenas y habían otras áreas en Baja California que pudieran usar?" Esa fue la motivación para retomar la investigación y monitoreo de la ballena gris. En 1996 nuestro colega Jorge Urbán Ramírez, profesor e investigador de mamíferos marinos en la Universidad Autónoma de Baja California Sur (UABCS) en La Paz, retomó nuestros censos para documentar el uso actual de la zona y evaluar la importancia como zona de residencia durante el invierno y de reproducción.

Después de cinco años de debate sobre el valor de la laguna como santuario para las ballenas, en el 2000 el presidente en el momento, Zedillo, visitó el lugar personalmente; al poco tiempo declaró que el área sería protegida y se mantendría como un santuario, consistente con el propósito y la misión de la recién establecida Reserva de la Biosfera de Vizcaíno de la cuál ahora formaba parte. Esto abrió la puerta para el desarrollo del ecoturismo, llevando a la formación de campamentos para avistamiento de ballenas, pertenecientes y operadas de manera sustentable por la comunidad,

los cuales operan hoy en día. En ese momento parecía que se tenía la protección que requería la zona y los animales.

Cuando estaba empezando el ecoturismo, Jorge remarcó que no había monitoreos o evaluaciones de los impactos potenciales que podría tener el avistamiento de ballenas en la laguna o en las ballenas. Así que, en el 2005 formulamos un plan para establecer una estación de investigación de campo, e invitar a colegas y sus alumnos a conducir investigaciones ahí. Fuimos capaces de atraer investigadores de ballenas, bio-acústicos, especialistas en invertebrados marinos, botánicos marinos, expertos en oceanografía, etc. Pronto tuvimos un ejército de académicos y estudiantes. Establecimos que lo llamaríamos "Programa Científico del Ecosistema de la Laguna San Ignacio," un programa multidisciplinario enfocado en investigar y monitorear el ecosistema lagunar y su vida, especialmente las ballenas grises. Nuestro programa inició en el 2006 y en el 2009 la fundación sin fines de lucro Ocean Foundation nos invitó a formar parte de su portafolio de programas de conservación del océano y esa relación como nuestros patrocinadores continúa actualmente.

Lo que empezó como una misión para encontrar hechos en los 1980s, se había demostrado útil para argumentar en contra de una planta procesadora de sal dentro de la laguna en los 1990s. Ahora renovamos nuestra entrega personal a aprender de las ballenas, para proporcionar información relevante que soporte el manejo sustentable de la zona y la fauna silvestre; además de ser mentores de las nuevas generaciones de estudiantes universitarios trabajando hacia una carrera en ciencia marina. Todo esto siendo posible por el apoyo de la comunidad y los prestadores de servicios locales, una familia de generosas organizaciones sin fines de lucro e individuos que apoyan y comparten la creencia de la protección y conservación de las ballenas grises y de la Laguna San Ignacio. Pero, ¿será esto suficiente para asegurar el futuro de está única área marina y de estos animales que llegan cada invierno?

## Reflexionando sobre la Presencia

Cuando visitamos por primera vez Laguna San Ignacio, nos fascinó el lugar, su historia y fauna; lo cual sigue permaneciendo cierto hoy en día. Hay algo extraordinario acerca de la interfaz de una laguna llena del océano Pacífico encontrando un desierto rígido y árido. Nos hemos abrumado por la riqueza de diversidad de vida marina y desértica que habitan en esta unión de sal y arena. Algo acerca de la combinación de estos elementos fomenta que comunidades de diversas formas de vida prosperen... aves, peces, reptiles, plantas amantes de la sal, almejas, tortugas marinas, delfines y lobos marinos, sean residentes o migratorios. Mezclado con la estacionalidad de la

aparición de uno de los mamíferos más majestuoso y grande del planeta, la ballena gris del Pacífico Norte, y la maravilla del sistema lagunar te genera un sentimiento de otro planeta, tan poderoso que te supera como individuo, que es algo casi surreal.

¿Siempre fue así? En el caso de Laguna San Ignacio, las primeras personas nativas que visitaron la zona hace cientos, incluso miles, de años, dejaron representaciones de sus experiencias en pinturas sobre paredes de cuevas y petrograbados en rocas en la Sierra de San Francisco y Sierra de Guadalupe al este de la laguna. Estos tienen más de 1000 años y muestran un maravilloso conocimiento de la vida marina del área. Hay dibujos de peces, mantarrayas, delfines e incluso ballenas que cubren paredes junto con figuras místicas de humanos, borrego cimarrón, venados y otros animales que cazaban y dependían para subsistir. Dejando las montañas y aventurandose al oeste, atravesando el desierto hasta la costa del Pacífico, sólo nos podemos imaginar lo que pensaban acerca de la fauna de la zona en comparación con su vida en la sierra.

Cantil Cristal es un acantilado de 30 metros de alto que sobresale del desierto en la porción norte de la laguna. Nombrado así por los cristales de yeso que aparecían en las estrías a lo largo de su cara. Desde la cima se tiene una vista de la cuenca norte y de sus dos islas. Juzgando por los numerosos concheros antiguos y otras herramientas y artefactos de piedra esparcidos en el lugar, es claro que no fuimos los primeros en ser impresionados con esta zona. Con la altura desde el acantilado se observa el desierto aledaño, ofreciendo una ventaja estratégica para cualquier grupo que quisiera dejar un centinela alrededor de su campamento. Así como seguramente los "antecesores" que estuvieron antes se debieron, al igual que nosotros, maravillar al contemplar toda la laguna. Cada visita me deja reflexionando lo que los nativos pudieron haber imaginado y visto desde ese punto de ventaja.

Al caminar sobre el cantil por primera vez sentimos que estábamos en la casa anterior de alguien. Capas y capas de conchas, con más de un metro de profundidad en algunas zonas, cubren los lados norte y sur. Estos concheros son evidencia de actividad humana temprana y prolongada en el sitio. En toda dirección a lo largo de la pendiente se encuentran fragmentos de obsidiana negra, terminado o no, puntas rotas de proyectiles, pedazos de espátulas de basalto y otras rocas utilizadas como herramientas primitivas. La fuente más cercana de obsidiana eran los volcanes Tres Vírgenes a 100 km este de la laguna, indicando que los primeros visitantes de la zona viajaron por lo menos esa distancia o más para obtener esa valiosa comodidad. ¿Quiénes eran? ¿Por qué vinieron aquí? ¿Por cuánto tiempo se quedaron? ¿De qué hablaban? ¿A dónde fueron?

¿Qué pensaban las sociedades nativas de las ballenas, delfines y la laguna en general? Sólo podemos teorizar lo que imaginaban al ver a las ballenas regresar cada invierno. O, ¿qué creían mientras investigaban los animales varados en la costa? Aunque probablemente no tenían el conocimiento técnico de muchos de los eventos naturales, estas sociedades eran expertas en observar el mundo que los rodeaba. Con el paso del tiempo desarrollaron una historia oral y tradiciones de compartir sus observaciones de las lagunas, desiertos, montañas y el cielo nocturno. Observando las estrellas y los movimientos de los planetas aprendieron a identificar las estaciones para sembrar huertas y llevaban a cabo rituales. Este conocimiento local indudablemente formó sus creencias y comprensión de cuándo dejar las montañas y viajar a la costa para recolectar mariscos abundantes. En el invierno se debieron de encontrar con las ballenas grises y sin duda alguna, al igual que ahora, eran "megafauna carismática" que incitaba su imaginación y creencias sobre el mundo natural.

Mientras vivíamos en la laguna cada invierno, experimentamos una probada de esta conexión con el ciclo y eventos naturales de la región. Estuvimos sujetos al flujo y reflujo de las mareas diarias que dictaban dónde y cuándo podíamos ir o no. El ciclo lunar se convirtió en nuestro reloj natural y calendario, las estrellas nuestra brújula. Conocimos y nos hicimos amigos de algunos de los rancheros y pescadores locales y sus familias que vivieron, en ciertos casos por generaciones, ahí o en zonas aledañas. Como los antepasados, estos residentes contemporáneos con el paso del tiempo observaron y estudiaron los ciclos recurrentes de la naturaleza y estacionales que gobernaban la vida en este lugar. Mientras que nosotros contábamos con un conocimiento académico de la ciencia marina y las ballenas, nuestras nuevas amistades proveyeron el conocimiento local que proporcionaron el contexto para comprender el sistema lagunar. Para nosotros, escuchar y aprender de esta gente llenó muchas de las piezas faltantes para nuestro entendimiento de la naturaleza, algunos aspectos del funcionamiento físico de la zona y el comportamiento de la vida silvestre. Con su ayuda desarrollamos una mejor comprensión de las condiciones ambientales y los eventos que reinaban la llegada y salida de varias especies de aves, peces y las ballenas. Vivir ahí fue un proceso de restablecimiento de una conexión con el mundo natural que se había perdido, para eventualmente reconectar con nosotros mismos y nuestra verdadera naturaleza.

Solamente podemos suponer que los antepasados viajaban estacionalmente desde las montañas hacia el este a las costas lagunares y recolectaban la abundancia de peces, mariscos, tortugas, focas y lobos marinos, que se podían encontrar en la zona. Sin duda, cazaban también los animales de la tierra. Los contenidos de los concheros indican claramente que eran ricos en bivalvos, así como en lenguado, rayas y otros

peces someros, todos fáciles de obtener durante las mareas bajas. Estas comunidades probablemente visitaban para juntar sal además de alimento; la evidencia indica que Cantil Cristal era su campamento preferido que fue utilizado ampliamente con el paso del tiempo. Ahora, al observar una madre con cría de ballena gris moverse tranquilamente hacia la cuenca norte, nos imaginamos que pensaban esas personas acerca de estos inmensos visitantes invernales. ¿Eran igual de curiosos que nosotros acerca de estos animales?

Regresamos varias veces al Cantil Cristal con el paso de los años para contar las ballenas de la zona norte desde la cima. Muchas veces nos sentábamos sin decir ni una palabra por largos periodos de tiempo: sentados en silencio, escuchando las canciones del viento y observando sobre el desierto, imaginando una familia prehistórica acampando abajo, recolectando conchas, maravillada por la aparición de estos grandes cetáceos—similar a los ecoturistas de la actualidad.

### La Atracción Principal

Los pasos de los antepasados en la laguna fueron seguidos por los misioneros y exploradores españoles buscando tesoros y posibles puertos para sus galeones de intercambio que navegaban el Pacífico. Fueron seguidos por los balleneros del siglo XIX, quienes explotaron a las ballenas grises por ganancia y casi terminando con la especie. Ahora los ecoturistas que realizan avistamiento de ballenas migran a este lugar para experimentar las ballenas y reconectarse con su lado "salvaje." Somos el más reciente ensamblaje de visitantes del lugar y seguimos percibiendo la presencia de algo especial. Seguimos sintiendo respeto por la zona y por aquellos que vinieron antes que nosotros.

Sin duda alguna, es emocionante cuando una gran ballena gris de vida libre parece estar interesada en los humanos dentro de lanchas. Para algunos, estos encuentros les cambiaron la vida y resultaron en alguna novela o forma de expresión creativa. Los esfuerzos por conectar con estas criaturas han llevado a músicos a tocarles el cello o la flauta y a bailarines de danza moderna a bailar en plataformas flotantes. Algunos traen consigo sus cristales durante el avistamiento, para mejorar la comunicación con la especie. Sea como sea, las ballenas de Laguna San Ignacio tienen un poder transformativo que le da a los visitantes una apreciación de lo magnificas que son estos grandes cetáceos, a través de experiencias de avistamiento inigualables.

## ¿Qué Son las Ballenas Grises?

La ballena gris (*Eschrichtius robustus,* Lilljeborg 1861) es la única especie viviente de la familia *Eschrichtiidae* y actualmente sólo se encuentra en el Pacífico Norte. La morfología y comportamiento de este *misticeto*, o cetáceo con barbas, refleja una historia natural adaptada a migraciones estacionales en aguas continentales relativamente bajas entre las zonas subtropicales de agregación y reproducción durante el invierno y las bajas temperaturas en las de alimentación durante el verano en las altas latitudes. Esta especie está especializada para una alimentación succión-filtrar en el fondo marino. Su evidencia fósil indica que su familia surgió en la cuenca del Mediterraneo durante el Plioceno temprano, aproximadamente hace 3.6-5.3 millones de años, se diversificaron en lo que se convertiría en el océano Pacífico y Atlántico. Las ballenas grises modernas más antiguas conocidas datan del Plioceno tardío, con fósiles de hace 500,000 a 220,000 años, descubiertos en California.

Son misticetos de tamaño mediano que crecen entre 13-15 metros de largo y pesan 16,000 a 45,000 kg como adultos. Son lentas al nadar, desplazándose a 6-7 km/h en promedio. Las primeras estimaciones de edad derivaban del tamaño de los tapones de cera en el canal auditivo de los ejemplares cazados, estos sugerían que tanto machos como hembras podían vivir entre los 40- 60 años. Aunque una hembra madura de 15 metros fue matada en los 1960s y se estimó que la edad mínima era de 75 y estaba embarazada. Las hembras pueden producir una cría cada dos o más años. El análisis histórico y reciente de las fotografías de los individuos vivos en las lagunas invernales de reproducción de Baja California Sur, México, indicó que algunas han regresado a estas áreas por décadas, que por lo menos tienen 45-50 años y en el caso de las hembras, siguen reproduciéndose.

Al nacer, su tono de piel varía en tonos de gris y tienen manchas de color blanco a crema. Con el paso del tiempo van adquiriendo cicatrices blancas de lesiones y por balanos (*Cryptolepas rhachianect*) que se les adhieren y únicamente se encuentran en ballenas grises. Así mismo, estas son portadoras de tres especies de ciámidos, o piojos (*Cyamus scammoni, Cyamus kessleri,* y *Cyamus ceti*). Estos invertebrados simbióticos se alimentan de piel muerta alrededor de los balanos, orificios respiratorios, surcos gulares y heridas; por lo cual, pueden ser beneficiosos al limpiar y remover tejido necrosado.

Como todos los misticetos, tienen dos orificios respiratorios, ubicados en la parte superior y trasera de su cabeza. Barbas ásperas, de color crema a amarillo pálido, crecen del techo de la mandibula superior y pueden contar con 130-180 placas de 5-40 cm de largo, suspendidas a ambos lados del paladar. Los remanentes del pelo de los

mamíferos están representados únicamente por vibrisas individuales que surgen de folículos en rostro y zona de la barbilla. Su garganta típicamente tiene 2-7 surcos que son cortos, profundos y longitudinales, que permiten la expansión al alimentarse.

En lugar de aleta dorsal, las ballenas grises tienen una joroba que varía de tamaño y forma, ubicada en la región trasera anterior a la base del pedúnculo; la cual se seguida por una serie característica de jibas o "nudillos" a lo largo del filo dorsal. Sus aletas son relativamente cortas y en forma de remo. La cola de los adultos es ancha (3.0-3.6 m) y la levantan frecuentemente antes de un buceo profundo. Algo único de las grises es el "quiste peduncular" con 10-25 cm de ancho, en la región ventral superficial de la cola, con una función desconocida. Sus exhalaciones o "soplos" miden aproximadamente 3-4 m de alto, con forma de corazón, tupida o columnar.

## ¿Quiénes Son las Ballenas Grises Modernas?

Dos de los métodos de investigación más poderosos e informativos utilizados para estudiar ballenas grises vivas en Laguna San Ignacio. El primero son censos desde embarcación, para documentar y monitorear la abundancia estacional, distribución en sus lagunas invernales y áreas de agregación. El segundo es la foto identificación que utiliza las marcas naturales para identificar y registrar los movimientos e historias reproductivas de los individuos a lo largo de los años. Sobre ese periodo de tiempo el análisis de estos datos iluminaron muchos aspectos de la historia natural, biología y comportamiento, que anteriormente se desconocían.

Cada otoño, las ballenas grises del Pacífico Noreste dejan sus zonas de alimentación veraniegas en Bering, Chukchi y el Mar Ártico y migran 6,000 km o más hacia el sur, a lo largo de la costa Norteamericana. Se agregan en tres sitios principalmente, bahías protegidas y lagunas a lo largo de la costa del Pacífico de Baja California Sur, para cortejar, aparearse y parir. Estas son: Laguna Ojo de Liebre (también conocida como Laguna de Scammon), Laguna San Ignacio y partes del complejo de Bahía Magdalena. Esta migración anual hacia el sur está en su apogeo en California en diciembre, y para principios de enero, empiezan a llegar estas zonas en México.

## Censos desde una Embarcación

Durante los inviernos de 1977 a 1982, Mary Lou y yo desarrollamos un censo desde una embarcación para estimar el número de ballenas que utilizan la laguna cada semana. Estos mismos son utilizados hoy en día y nos dicen bastante acerca de cómo las ballenas usan este sitio durante los meses de invierno.

El número de ballenas incrementa conforme pasa enero y alcanzan su máximo a finales de febrero a inicios de marzo. Entre finales de marzo y principios de abril muchas ya han dejado la laguna y están migrando al norte para regresar a sus áreas de alimentación en verano. La parte de la laguna la más cercana a la entrada del océano está ocupada principalmente por ballenas adultas sin crías, interactuando unas con las otras buscando oportunidades de apareamiento, y moviéndose dentro y fuera de la laguna con las mareas. Las hembras con crías prefieren las áreas en el interior, en donde se mueven tranquilamente entre los canales y aguas someras. En el pico de la temporada se podrían hallar alrededor de 200-300 ballenas adultas y sus crías dentro de la laguna.

## Identificación Fotográfica

Dicen que una imagen vale más que mil palabras, pero con respecto al uso de la fotografía digital como una herramienta de investigación para las ballenas grises, ¡Yo diría que uno o dos millones de palabras es más adecuado! Cuando Mary Lou y yo empezamos nuestra investigación en 1977 nuestro amigo Jim Darling había estado fotografiando ballenas grises desde Vancouver Island desde inicios de los 1970s. Vino a visitarnos y dijo que las marcas en ballenas podrían proveer información confiable en el comportamiento y movimientos de cada individuo año tras año, y a diferencia de las marcas artificiales, las marcas naturales son permanentes. Inmediatamente empezamos a fotografiar las que tuvieran marcas distintivas, y lo seguimos haciendo actualmente.

A través de los años nuestros catálogos de foto identificación en expansión han llevado a revelación tras revelación acerca de la naturaleza de las ballenas grises. Al volver a identificar individuos por medio de fotografías, cada invierno hemos entendido mejor la duración de residencia en una laguna en particular, cuántas veces ha regresado al mismo lugar ("fidelidad"), el intervalo entre crías para las hembras reproductivas, movimientos entre las áreas de reproducción y crianza en Baja California Sur, intercambios y migraciones de ballenas del Noroeste del Pacífico con la población del Noreste, y en un interesante giro del destino, hemos podido estimar la edad mínima.

Empecemos por estimar la edad de una ballena. Antes de la llegada de los métodos de foto identificación, la edad de las ballenas era estimada analizando los tapones de cera en las ballenas cazadas, que, como los anillos en los árboles, se añade una capa nueva cada año. En hembras maduras, se utilizaba como base el número de *corpora albicantia* o cicatrices en los ovarios, una de estas se forma con cada embarazo y se puede estimar la edad. Pero esto era para ballenas muertas, ¿Lo podíamos hacer mejor con nuestra colección de fotografías de ejemplares vivos?

Avancemos al 2015, cuando nos estábamos mudando de Florida a Maryland en la costa este de EE.UU. Teníamos unas cajas llenas de diapositivas viejas de 35mm de ballenas grises tomadas durante nuestra investigación en Laguna San Ignacio entre 1977 a 1982. Las cajas estaban pesadas, y odiaba la idea de moverlas junto con nosotros a nuestro nuevo hogar y las quería fuera de nuestras vidas. Mary Lou, por otro lado, estaba firme en su creencia de que "Nunca te deshaces de datos originales, porque nunca los vas a poder tomar otra vez." Así que, llegamos a un acuerdo, conseguimos un escáner de diapositivas e hicimos copias digitales de las 200 o más que habían mantenido la imagen clara. Las enviamos al Dr. Sergio Martínez-Aguilar, nuestro jefe de investigación en campo y el encargado de toda la foto identificación de las lagunas y le pedí que les echara un vistazo, yo esperando que todas estas ballenas ya tenían tiempo muertas. Pero, quizá podía encontrar coincidencias con fotografías de ballenas que habíamos fotografiado en el pasado. Contestó al día siguiente y nos informó que en su revisión preliminar de las imágenes digitales de 1977 a 1982, encontró 15 coincidencias. "¿Coincidencias con qué?" pregunté. "Con ballenas grises que hemos fotografiado en la laguna en los últimos tres inviernos," respondió. Estaba atónito, y asombrado que cualquiera de estas pudieran seguir vivas. Seguimos encontrando recapturas adicionales con estas "veteranas" cada invierno.

Ahora, si haces las cuentas, digamos que por una hembra fotografiada en 1977 con una cría, esta debió de haber tenido al menos 7-9 años (o más grande) para reproducirse. Si lo más reciente que se volvió a ver es en 2022, esos son 45 años entre el primer avistamiento y el último, sumamos los 7 a 9 años que sería su edad mínima de madurez reproductiva, y esta ballena tiene al menos entre 52 o 54 años; y sigue regresando a Laguna San Ignacio y continúa teniendo crías. Ahora tenemos 30 o más de estas historias de ballenas grises cuyas edades se estiman entre los 45-55 años. Adicionalmente, con las hembras, al comparar el número de años entre el primer y más reciente avistamiento y el número de años en los que fue vista con una cría, podemos estimar el intervalo de nacimiento lo cual es un indicador poderoso de la salud reproductiva del individuo y de la población en general.

Al tomar notas detalladas de cuáles hembras tuvieron crías cada año de nuestro estudio, Mary Lou confirmó que durante el periodo de 1977 a 1982, la mayoría daban a luz alternando años, o en promedio cada 2.1 años, aunque pueden descansar de dos a tres años. El análisis de Sergio de los datos de foto-ID del 2006-2022 indican que las ballenas en Laguna San Ignacio han tenido un aumento en este intervalo pasando a 2.4 años; sugiriendo en los últimos años ha habido una disminución en la tasa de reproducción.

Pero hay más. Dentro de una temporada de invierno, el periodo entre la primera y última vez que vemos a un individuo nos puede dar un estimado del tiempo de residencia dentro de la laguna. Aprendimos que el tiempo de residencia promedio de los adultos solitarios entre los años 2010 a 2022 variaba de 5.2 a 16.3 días. Por otro lado, las madres con crías estuvieron un rango de 24.5 a 39.1 días dentro de la zona. Esto parece lógico, ya que estas se deben de quedar en un área cómoda con los recién nacidos para que estos crezcan y se fortalezcan para su primera migración hacia el Ártico durante la primavera.

Otra sorpresa que tuvimos fue fotografiar ballenas grises que aparentemente migraron del noroeste del Pacífico a las costas de Norte América hasta llegar a Baja California Sur. Se creía que habían dos poblaciones de esta especie en el Pacífico Norte: la del Noroeste del Pacífico, con alrededor de 300 individuos que se distribuyen a lo largo de la costa del Pacífico Asiático, y están en peligro de extinción; y la población del Noreste del Pacífico con una población de entre 14,500 y 25,000 individuos o más y habitan en las costas de Norteamérica. En los últimos años algunas ballenas de la población Asiática se han fotografiado en las lagunas invernales de Baja California Sur y en las zonas de alimentación en la Península de Kamchatka, demostrando que ambas poblaciones se mezclan hasta cierto punto, quizás hasta reproducirse, levantando la pregunta sobre si continúan existiendo dos poblaciones.

A partir de 2023, 51 individuos que han sido fotografiados en las lagunas invernales de Baja California Sur se han identificado con ballenas de la población del Pacífico Noroeste. De estas, 11 fueron vistas con crías, apoyando las especulaciones de una cruza entre ambas poblaciones. Algunas se continúan varando ocasionalmente o son matadas accidentalmente por operaciones de pesca costera en la costa asiática, sugiriendo que esta población, aunque baja en números, sigue migrando durante el invierno a algunas zonas de reproducción y crianza, las cuales todavía no están identificadas en el lado oeste.

## Madres con Cría

El vínculo entre una madre y su cría de ballena gris es impresionante e intrigante, pero poco comprendido. Imagina, una cría recién nacida mide aproximadamente 5 metros y nace en aguas con una visibilidad máxima de uno o dos metros como máximo. Su mamá mide un promedio de 12 metros y nunca es completamente visible para el ballenato. Lo primero que tiene que hacer al nacer es salir a respirar aire, requiriendo que encuentre la superficie, muchas veces con ayuda de su madre. Flácidas y meneandose, continúan haciendo contacto físico y ahí es cuando se desarrolla esté vínculo crítico

entre estas. Desde el momento de su nacimiento, su visibilidad limitada le revela partes de un gran cuerpo que se queda a su lado en todo momento y produce sonidos reconocibles y si presiona en el lugar correcto la madre ofrece un pezón para alimentar la cria.

Cuando la madre decide moverse, el ballenato mantiene contacto físico constante y es jalado con el flujo creado con el movimiento a través del agua. Además de la comunicación táctil, sabemos que las ballenas grises vocalizan en frecuencias muy bajas y son capaces de hacer por lo menos 12 llamadas distintivas. Aunque asumimos que durante el desarrollo temprano la cría impronta en estas formas de sonidos e irá a donde estén estos. Lo que signifique cada llamada permanecen una área activa en la investigación. Sin embargo, cuando la madre decide que es momento de irse, o siente que necesita llamar al ballenato que se alejó de su lado, estos responden inmediatamente. El sonido debe de ser la principal línea de comunicación.

La cría permanece a lado de su madre hasta que crezca suficientemente fuerte y capaz de nadar por su cuenta, que generalmente sólo requiere unas cuantas semanas, ya que crecen increíblemente rápido cuando se alimentan de la leche rica en grasa, hasta el 60%, una de las más nutritivas de todos los mamíferos conocidos. El ballenato amamanta constantemente, de hecho, nunca parecen descansar. Juzgando por las salpicaduras y los soplos que se escuchan en la noche, parecen estar activos continuamente. Por otro lado, las hembras continuamente se ven agotadas y permanecen estáticas en la superficie del agua, presuntamente "durmiendo" mientras sus bebés continúan nadando y explorando su nuevo mundo marino.

Curiosidad y exploración de todas las cosas que flotan: madera, bolas de algas, incluso delfines y lobos marinos, llama la atención de las crías. Para los mamíferos, se cree que esta curiosidad innata es como los jóvenes aprenden lo básico de un entorno: lo que está bien revisar y lo que podría ser peligroso o incluso mortal. Estos períodos tempranos de aprendizajes podrían explicar porque las vemos seguido enredadas en equipo de pesca y arrastran jaulas y boyas. Para algunas afortunadas hemos podido retirar las líneas para salvar a estos individuos de una muerte lenta. Es igual de posible que esta curiosidad lleve a que se vuelvan a lo que hoy conocemos como comportamiento de "ballena amistosa." Estos encuentros amistosos generalmente involucran madres con crías, donde estas se separan para investigar las embarcaciones llenas de ecoturistas. A veces, a pesar del interés de los ballenatos, las hembras los alejan y se alejan. Otras veces, permite que inspeccione el bote e incluso la acompaña en encuentros prolongados.

## Cortejo y Apareamiento

En el periodo del pico de abundancia de ballenas en la laguna, las madres con crías tienden a separarse de las áreas predominadas por adultos que buscan cortejar y aparearse. Algunos adultos, presuntamente machos, persiguen y acosan a las hembras y sus ballenatos, quizás esperando separarlas y poder aparearse.

El apareamiento de las ballenas grises puede ser muy activo, a menudo involucrando a varios adultos (machos y hembras) girando y golpeando en la superficie, mientras los machos compiten por la posición y oportunidad de aparearse con la hembra. Estos animales son reproductores "polygynandrous", ambos sexos cuentan con varias parejas. Las hembras deben concebir en una ventana de tiempo limitado si quieren parir 12 meses después de manera exitosa en aguas subtropicales, en las costas de la península de Baja California en lugar de las aguas frías del Ártico en sus zonas de alimentación. Al aparearse con varios machos ayuda a garantizar que la concepción ocurra durante el tiempo correcto y que el nacimiento se dará al año siguiente en el lugar correcto para aumentar la posibilidad de supervivencia de la cría.

## Amenazas a la Ballena Gris

El único depredador natural de las ballenas grises son las orcas (*Orcinus orca*) y presuntamente algunos tiburones. Los datos de Foto-ID indican que aproximadamente el 35% de los individuos vistos en la laguna cuentan con "rake-marks" cicatrices paralelas, características de ataques de orcas. Históricamente no se creía que estos depredadores entraran a las someras lagunas de reproducción. Sin embargo, en años recientes han entrado grupos de orcas a la Laguna San Ignacio y han matado delfines nariz de botella (*Tursiops truncatus*) residentes del lugar.

Como especie costera, las ballenas grises pasan ciudades y puertos importantes de la costa oeste y deben atravesar rutas principales de navegación y evitar colisiones con barcos cargueros. La transportación industrial marítima, los ejercicios militares y la exploración minera en alta mar producen contaminación auditiva de baja frecuencia que compromete la habilidad de navegar y comunicarse de las ballenas. A lo largo de las costas existe el riesgo de enmallarse con redes o líneas de pesca y la contaminación humana de las grandes ciudades.

Recientemente, el acelerado cambio climático ha afectado de manera negativa la distribución y disponibilidad de la presa principal de la ballena gris en las altas latitudes, incluso en el Ártico. Evidentemente esto ha contribuido al aumento en ejemplares flacos y demacrados observados en las zonas invernales. A inicios del 2019 hasta el

2023, ejemplares malnutridos de esta especie empezaron a morir en grandes cantidades a lo largo de su migración que la Oficina Nacional de Administración Oceánica y Atmosférica (NOAA) declaró un "Evento de Mortalidad Inusual." Coincidente con el aumento de varamientos y el decremento significativo en la producción de crías. Como las ballenas no se alimentan durante el invierno, deben encontrar un área confiable con alimento suficiente en el verano para reponer la grasa corporal y la energía de reserva para completar su migración y reproducción durante el invierno.

Un decremento en la producción de su presa en conjunto con el acceso restringido o ausencia de las zonas de alimentación históricas podría afectar la reproducción de las hembras al no permitirles tener energía suficiente para concebir o parir. Sólo el tiempo podrá decir si los impactos del cambio climático en la productividad del Ártico continuarán y pondrán en peligro las ballenas grises y otras especies marinas que dependen de esa fuente de alimento estacional para sobrevivir. Aunque no se pudieron determinar con certeza los contribuidores al evento de mortalidad, las observaciones en las zonas invernales en 2023 indican un decremento en ejemplares mostrando señales de estrés nutricional, una reducción en el número de muertes y varamientos, y un aumento lento en la cantidad de crías en las lagunas. Estos reportes sugieren que la población está empezando su recuperación del evento de los últimos cinco años, con el estimado poblacional actual de 14,500 individuos.

Investigaciones en los 1960s de la pobación de las ballenas grises sugieren que esta tenga periodos de crecimiento y posteriormente de decremento cada diez años o hasta que sus números sobrepasen la cantidad de alimento disponible. No sabemos si el calentamiento global hará cambios en la cadena alimenticia marina de la que dependen las ballenas grises. Si se lo ocurre ¿habrá ballenas que se puedan adaptar de manera exitosa a estos cambios de condiciones en su ambiente oceánico, como lo han hecho durante milenios? A lo mejor por eso se llama "*robustus*."

## Qué Nos Depara el Futuro: En Busca del Equilibrio

*Puedes salvar un lugar, pero nunca está realmente a salvo. Siempre se necesita gente que se preocupe, siempre conlleva vigilacia, siempre se requiere esfuerzo, para mantener a raya a esas fuerzas que quieren invadirlo, que quieren sobre-comercializarlo. Una vez que se estropea, se estropea. Pero una vez salvado, cada generación tiene el deber de mantenerlo a salvo.*

— Dayton Duncan

Debido a que se han vuelto un destino popular a nivel mundial y está en muchas listas de "cosas que hacer antes de morir," una amenaza inminente para las ballenas grises es el incremento de las operaciones de avistamiento de ballenas. Es de particular preocupación las operaciones de ecoturismo enfocadas en zonas invernales de reproducción y crianza a lo largo de la costa del Pacífico en Baja California Sur. Inicialmente México lideraba en formas de proteger estos lugares del desarrollo al crear Áreas Federales Protegidas en dos de las zonas con mayor agregación; Laguna Ojo de Liebre en 1972 y Laguna San Ignacio en 1979. En 1988 se estableció la Reserva de la Biosfera El Vizcaíno, la cual incluía ambas lagunas y generaron la oportunidad para desarrollo de empresas de ecoturismo para avistamiento de ballenas.

Las compañías de ecoturismo que operan en Laguna San Ignacio formaron una cooperativa, la Asociación Rural de Interés Colectivo (ARIC), para desarrollar un plan de manejo y las pautas para el avistamiento sustentable de ballenas en la zona. Las características claves de este incluían un lugar específico en donde realizar la actividad (el tercio de la laguna más cercana al océano), un límite en la cantidad de embarcaciones que puedan estar al mismo tiempo en esta área (16 lanchas), el tiempo de duración de los recorridos (90 minutos), y un santuario en donde no se permite el avistamiento (dos tercios del interior de la laguna). Este plan de manejo sigue activo en su mayoría hasta la fecha.

El éxito de ARIC refleja la dedicación de los tour operadores y de la comunidad local del Ejido Luis Echeverría Álvarez para aspirar a ser protectores del ecosistema y ser un ejemplo de cómo mantener un balance entre ecoturismo, desarrollo de la comunidad y la integridad biológica del habitad de las ballenas.

Después de un inicio lento, los programas de ecoturismo tomaron fuerza a finales de los 1990s y en años recientes grandes multitudes de visitantes de todas partes del mundo. Llegan en invierno a Laguna San Ignacio por barco, avioneta o tierra para salir a ver ballenas desde "pangas" manejadas por operadores profesionales locales y naturalistas. La popularidad de esta actividad se debe en parte al fenómeno de las ballenas amistosas o curiosas que se acercan para interactuar con las embarcaciones y sus pasajeros. La prosperidad de estas empresas locales ahora produce un incentivo económico para preservar y proteger la laguna como un hábitat único para interactuar con vida silvestre a nivel mundial, atrayendo turistas de todos los continentes.

Pero con el éxito llegan más demandas de recursos y aumenta la presión a las empresas para recibir a un mayor número de visitantes, especialmente durante el pico de la temporada de avistamiento, de mediados de febrero a mediados de marzo. Hay que darles crédito, la mayoría de los operadores mantienen presentes las necesidades de

las ballenas al igual que los deseos por acercarse a ellas de los clientes. En general, los conductores de los botes continúan demostrando un comportamiento responsable alrededor de estos animales y proveen periodos donde puedan estar solas, amamantar a sus crías, y descansar.

Organizaciones como la ARIC y las autoridades estatales y federales de México continúan mantener un manejo del ecoturismo para el avistamiento de ballenas en Laguna San Ignacio para beneficiar a las ballenas al igual que la comunidad local. Con esa finalidad, ajustes periodicos al plan de manejo del área podrán ser requeridos a futuro.

## Mi Vida y Dedicación a las Ballenas Grises

*La naturaleza salvaje, ruda, dura e inexorable, tiene encantos más potentes en su influencia seductora que todas las tentaciones del lujo y la pereza, y a menudo aquel sobre quien ha lanzado su magia no encuentra corazón para disolver el hechizo, y permanece errante y un ismaelita hasta la hora de su muerte.*

—Francis Parkman

Lo que comenzó como una investigación científica para describir el estatus de las ballenas grises y el avistamiento de estas en Laguna San Ignacio, se ha transformado en un pacto personal para hacer todo lo posible como científico para informar e impulsar a la comunidad a apoyar la conservación de este ambientes marinos tan únicos, incluyendo a las ballenas grises.

Cada año a mediados de noviembre empiezo con preparativos para la cercana temporada de investigación de ballena gris y una refrescada a mi alma. Siento que han pasado eternidades desde que sentí el viento en mi cara, escuché el llanto de las águilas pescadoras, o el graznido de las brantas. Anhelo reemplazar el constante ruido de la ciudad en mis oídos por oír una lagartija correr por la arena. Demasiado tiempo desde que el golpeteo del viento contra mi tienda de campaña me arrullaba al dormir bajo una multitud de estrellas. Mucho pero mucho tiempo desde que fui sorprendido por el soplo de una ballena exhalando a mis espaldas y empapándome con su rocío de agua de mar.

La laguna es un lugar del que puedo aprender, empatizar y crecer de manera espiritual. Toda mi vida he anhelado una existencia más conectada con el mundo natural,

una vida en la que debo visitar estos lugares de vez en cuando para recargarme y renovar mi espíritu. Un profesor de mi universidad lo puso de esta manera:

> "La sociedad no da mucha importancia a la naturaleza y al conocimiento de los lugares salvajes porque las comodidades modernas le han quitado su valor de supervivencia. Pero pagamos un precio invisible por nuestras comodidades: Nuestros sentidos, como músculos sin usar, se debilitan y atrofian o nunca llegan a desarrollar su máximo potencial."

Quizás esta tensión entre las comodidades de la vida urbana contra la vida en un entorno salvaje es lo que me guió a seguir una vocación en ciencias naturales y eventualmente a estudiar a las ballenas grises. Para conocerlas debes vivir con ellas. Ir a lugares salvajes es esencial para mi vocación como científico. Tales excursiones fueron de profunda inspiración durante mi edad temprana, y postermirmente un requerimiento necesario y bienvenido de mi trabajo. He valorado especialmente mi tiempo en el mar, ya que lo vasto del océano me proporciona un sentimiento de calma, tranquilidad, y extrañamente, de control de mi destino—incluso durante las tormentas.

Mi tiempo con las ballenas grises me ha proporcionado una ventana a la vida de una de las más magníficas y elusivas formas de vida no humanas con las que compartimos este planeta. Las observaciones de cada invierno proveen un nuevo entendimiento de como viven, juegan, y cambian. Parecen poseer una profunda sabiduría colectiva acerca de las formas del mundo natural. He tenido la fortuna de conocer sobre ellas, y que me hayan permitido aprender de ellas.

Con cada invierno que se aproxima, espero con ansias mi regreso a Baja California Sur para pasar tiempo con mi familia extendida de científicos universitarios, operadores de ecotours, naturalistas, "pangueros" (conductores de lanchas), así como con las personas de la comunidad local del Ejido Luis Echeverría Álvarez y el pueblo de San Ignacio. Y siempre espero estar de nuevo con las ballenas. Mis primeros mentores, Raymond Gilmore, Laura y Carl Hubbs, y Kenneth Norris siempre nos alentaron para hacer el trabajo necesario para apreciar las ballenas grises y cada forma de vida que nos encontremos. Ahora, hemos cerrado el ciclo. Somos mentores, trabajando con estudiantes universitarios jóvenes, motivados y entusiastas y con sus profesores, mientras estudiamos en conjunto la laguna y las ballenas. Esta colaboración es una verdadera inspiración y fuente de felicidad para mi.

Cada día que paso en Laguna San Ignacio, estoy agradecido de tener la oportunidad de entender más acerca del mundo natural y nuestro lugar en él. Tristemente, seguido

soy superado por la realidad que en mi tiempo he sido testigo de comportamientos que presagian nuestra propia autodestrucción y el desmantelamiento de la biosfera. Nuestro planeta es relativamente pequeño. Nuestra civilización es una de arrogancia mal orientada y desmesurada, con un consumo insaciable y de destrucción total de los ambientes naturales. Cada forma de vida merece la oportunidad de prosperar en un planeta sano. Afortunadamente, el tiempo que he pasado en lugares salvajes renueva mi esperanza que podemos hacerlo mejor y me da la energía de esforzarme más. Las ballenas grises tienen el poder de volver a despertar en nosotros una profunda conección con el mundo natural. Si vamos a salvar la humanidad, debemos vivir en equilibrio con el medio ambiente y con las criaturas con las que lo compartimos.

¿El ecoturismo es una alternativa viable para lograr este balance? El potencial es innegable. La Laguna San Ignacio, sus ballenas grises, y el resto de la vida marina son un regalo a la humanidad que necesita un guardián, un protector del implacable y eventual desarrollo humano. El Ejido Luis Echeverría Álvarez ha establecido una economía basada en el ecoturismo de avistamiento de ballenas sustentable y de bajo impacto; este logro debe ser reconocido y celebrado. Han creado algo extraordinario que puede ser transmitido de generación a generación. Puede seguir proveyendo para cubrir las necesidades de la comunidad y satisfaciendo el deseo de los visitantes por reconectar con la naturaleza. Siempre y cuando los locales tengan los medios suficientes para resolver los retos de la vida diara, ellos podrán continuar su vigilancia para la protección del área natural de valor y rareza excepcional.

## Lista de Lectura Sugerida

Serge Dedina. 2000. *Saving the gray whale: People, politics, and conservation in Baja California.* University of Arizona Press, Tucson, Arizona. 186 pp.

Mary Lou Jones, Steven L. Swartz, and Stephen Leatherwood (editors). 1984. *The gray whale: Eschrichtius robustus.* Academic Press, Inc. Orlando, Florida. 600 pp.

Roderick Nash. 1967. *Wilderness and the American Mind.* Yale University Press. 256 pp.

Dale W. Rice and Allen A. Wolman. 1971. *The life history and ecology of the gray whale* (*Eschrichtius robustus*). American Society of Mammalogists, Special Pub. No. 3. 142 pp.

James Sumich. 2014. *E. robustus: the biology and human history of gray whales.* Whale Cove Marine Education, Corvallis, Oregon, U.S.A. 199 pp.

Steven L. Swartz. 2014. *Lagoon Time: A guide to gray whales and the natural history of San Ignacio Lagoon.* The Ocean Foundation, Washington D.C. 201 pp.

# GENTE

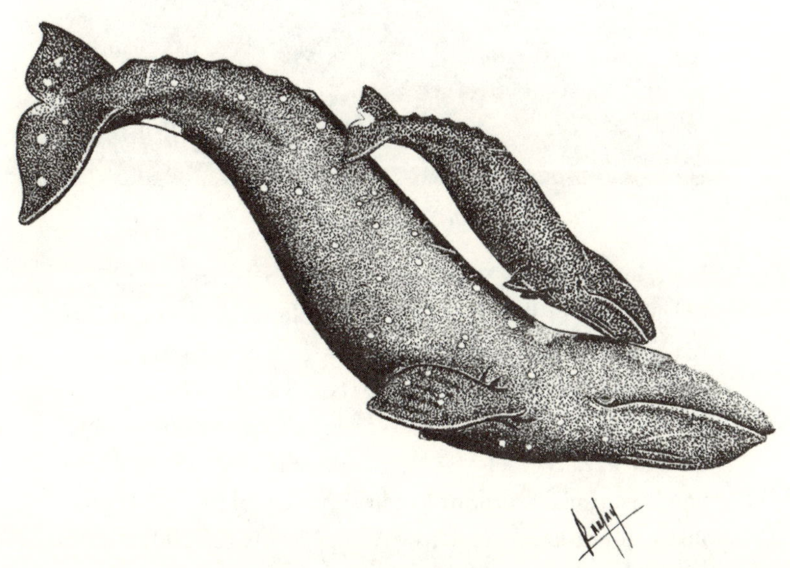

*Pancho y su madre, Carmen*

**Jose Francisco Mayoral** ("Pancho") nació en 1972 y creció en las orillas de la Laguna San Ignacio, Baja California Sur, México. Para 1995 participó en el curso de Entrenamiento para Guía Naturalistas con RARE Conservation. Desde entonces dejó la pesca y se enfocó en su trabajo como guía de kayaks en el Mar de Cortés. En 1998 se involucró con la National Outdoor Leadership School (NOLS) como instructor de kayaks en Baja y Alaska. Se casó en 2001 y vivió por varios años en Loreto, donde crecieron sus dos hermosas hijas, Sierra y Celeste Mayoral. En 2011 se mudó a California donde trabajó como tripulación con Island Packers en transportación de pasajeros al Channel Island National Park. Para finales del 2011 obtuvo su licencia de capitán de 100-toneladas, donde aún opera como capitán de barco de pasajeros en viajes a las islas y observación de ballenas en el Canal de Santa Bárbara. En 2018 se involucró de nuevo en el negocio familiar de observación de ballenas, Pachico's Ecotours, como encargado de reservaciones y operaciones durante la temporada (pachicosecotours.com). En 2022 inició Legacy Whale Tours buscando expandir las experiencias con ballenas y para 2024 iniciará la nueva aventura ofreciendo nadar con ballena jorobada en Tahití (legacywhaletours.com). Pancho sueña con seguir buscando experiencias únicas con diferentes especies de ballenas en diferentes latitudes alrededor del mundo.

# PERSPECTIVA LOCAL

## Pancho Mayoral

Desde que nací en febrero 22 de 1972 hasta noviembre de 1998 viví en Laguna San Ignacio. De ahí en adelante he estado visitando sólo en los inviernos para la participar en la observación de ballena gris, aun en el presente cuando resido en el estado de California por la mayor parte del año.

Nacido y crecido en Laguna San Ignacio, todo el tiempo sentí como si la Laguna fuera mía... o mejor dicho, nuestra. Sin duda era nuestra laguna en un tiempo. La familia de mi madre, los Aguilares, tiene raíces desde 1800s, cuando mi Bisabuelo Tata Vicente fundó este campo pesquero. Tata Vicente fue el padre de mi abuelo Tata Domingo, quien se casó con Nana Catalina, los padres de mi madre Carmen Aguilar.

Tata Vicente traía a su familia a la laguna cada temporada que la situación era difícil en el rancho. En la temporada que hacía más frío y los vientos eran más fuertes, se alejaban de la costa y se aclimataban a la vida de rancho en medio del desierto. La vida de rancho en el desierto de Baja es un negocio difícil cuando la lluvia no es consistente; más que negocio es un estilo de vida, en mi punto de vista. Parte de la vida de la familia de mi mamá en el rancho era la crianza de vacas, mulas, burros y chivos. Como estrategia de supervivencia, se mudaban entre diferentes ranchos, los cuales pertenecían a la familia por generaciones, dependiendo de la fuente de agua temporal.

Uno de estos ranchos se conocía como El Tonelito, este era el más cercano a la laguna. La fuente de agua en el Tonelito dependía de las lluvias temporales y de los crecientes de arroyo. En épocas de huracanes, con las lluvias torrenciales, se llenaban estas pozas y podían proporcionar varios meses de agua para el sustento de animales y rancheros. Rancho El Higuerilla se encuentraba más retirado de la costa, en desierto más árido, contaba con un pozo de agua que ellos mismos cavaron, el cual les proporcionaba agua del subsuelo cuando las nubes se negaban a proveer. Y un poco

más al sur contaban con el Rancho Los Cuarenta, donde la familia de Tomas Aguilar (hermano de Doña Carmen) aún continua con la vida.

En los meses de más calor la familia permanecía más tiempo en la laguna y se dedicaban primordialmente a la captura de tortugas en pangas de madera utilizando remos o vela como el único método de propulsión. Después de un tiempo se modernizaron y aprendieron a construir trampas para langosta, además de la pesca con piola para el codiciado mero.

Mi madre Carmen Aguilar ha celebrado sus 90 años, y prácticamente ha vivido en Laguna San Ignacio toda su vida, excepto un año en Santa Rosalía cuando recién se casó. Mi padre Pachico Mayoral, llegó en 1962, desde entonces se arraigó en la laguna al unirse en matrimonio con Carmen Aguilar.

Ella y Pachico criaron 6 hijos (de mayor a menor): Anselma, Ranulfo, Ángel, Moni, Pancho (yo) y Jesus. Carmen fue la única de su familia que continuó la tradición del conocimiento de plantas medicinales, que ha pasado por generaciones de sus antepasados. Carmen ha sido toda su vida la curandera y partera en esta región.

Yo nunca supe de curitas hasta que asistí a la escuela primaria—cuando alguien sufría una herida, Carmen cortaba un delgado filete de Garambullo y cubría la herida con éste. Después de limpiar la herida apropiadamente, lo cubría con una gaza y vendas. Este tratamiento no necesitaba repetirse cada día (era un tratamiento de una sola vez), mientras la herida estaba abierta el cactus se adhería a la humedad de la misma. El Garambullo previene infección, promueve la regeneración de la piel, y al ser pegajoso protege la herida contra polvo o cualquier otra impureza mientras la herida no haya sanado. Una vez que la herida ha sanado y cerrado, ya no existe la humedad y por consecuencia el cactus se seca y se cae sin problema alguno. Cuando alguien sufría de mal de estómago, (ya que aún no se inventaba el Pepto-Bismol), Doña Carmen cocía un té de cáscara de coco, semillas de cilantro, cáscaras de naranja y manzanilla.

Tío Chema (el hermano menor de mi mamá) ha vivido toda su vida en la laguna; combinó su vida de pescador con el comercio. Por muchos años fue uno de los principales vendedores de gasolina en la región, en otras épocas fue el único. Además de tener una pequeña tienda muy básica, pero bien surtida. De cierta manera por décadas operaba como el "banco" local o casa de préstamos. Indiscutiblemente era el negociante local, la gran mayoría del dinero que circulaba en la laguna, tarde o temprano, pasaba por el negocio de Chema.

Chema fue el primero en adquirir un radio en la región, y por muchos años desarrolló el puesto del comunicador local, mucho antes de telefonía rural o teléfonos celulares. Aficionado del radio, se convirtió en su pasatiempo, y por consecuencia quien comunicaba tanto buenas como malas noticias a la comunidad pesquera. Por varios años trabajó en la observación de ballenas bajo el amparo de los permisos de Pachico.

Mi primer trabajo fue con Tío Chema descargando mercancía del camión que transportaba desde el pueblo de San Ignacio y en la pesca de langosta. Aunque había salido a pescar con mi papá anteriormente, recuerdo la pesca con Tío Chema como mi primer trabajo porque fue la primera vez que alguien me pagó por el trabajo realizado. Obviamente, como él tenía la única tienda de la comunidad, tarde o temprano, él terminaba colectando mi dinero de regreso.

Un mes antes de que yo naciera, tuvimos una nueva adición a la familia. Santos Luis Pérez Delgado, quien después de varios intentos de cruzar la frontera a EEUU, y siendo repatriado otras tantas veces, finalmente se da por vencido tratando de buscar el sueño americano. Una vez en Tijuana de nuevo, decidió probar suerte en su propio país y en vez de seguir al norte, buscó su sueño hacia el sur. Él era originario de Totatichi, Jalisco, pero debido a conflictos familiares buscó probar su suerte en nuevos horizontes.

Primero encontró trabajo con Don Faustino Lara, sacando almeja pismo en los bajamares de San Quintín. Después se aventuraron más al sur con su equipo de almejeros y trabajaron por un buen tiempo en Punta Abreojos. Cuando Faustino decidió regresar al norte, Santos Luis determinó probar su suerte en Laguna San Ignacio. Cuando llegó al campo pesquero, mi papá necesitaba un compañero de pesca, así que él cubrió el puesto. Nunca imaginó que también cubriría el puesto de amigo, compañero de parranda, pilmama de los Mayorales, y miembro de la familia.

Fue mejor conocido como "Chumacera" o "Chuma." Esto debido a que cuando inició en la pesca con Pachico, el uso de los remos era indispensable y el nombre del pequeño artefacto en donde giran al usarlos le pareció una palabra muy cómica. La repetía tanto que finalmente fue el apodo que lo identificó por el resto de su vida.

Cuando yo nací "El Chuma" ya se encontraba con la familia y nunca lo vi de otra manera, era algo así como el hermano mayor (aunque tenía la misma edad que mi papá). Santos Luis o Chuma fue el compañero de pesca que estuvo con Don Pachico en aquel primer encuentro amistoso con la ballena gris en 1972, como lo describió Paula McDonald en su artículo para *Reader's Digest*, y una variedad de notas y entre-

vistas que se han escrito y documentado en video por diferentes programas nacionales e internacionales, ya sea en revistas, periódicos o video documentales.

Chuma visitaba de vez en cuando familiares en Guaymas, Sonora, pero siempre regresaba a la laguna más temprano de lo esperado, de regreso a casa... tal vez finalmente encontró "la tierra prometida" que buscó por mucho tiempo. Tal vez encontró paz, trabajo, comida, cerveza, familia y amistad. El Chuma forma parte de la historia de Laguna San Ignacio. Aquí unos cuantos de sus famosos dichos que aún se utilizan por los locales:

> –*No te vayas Luis* del dicho común "no te vayas grande" que significa, No seas aborazado (avaricioso) o no exageres.
>
> –*Lo dirás por pabla pero* que significa, Pensarás que miento pero. (Seguido de la explicación.)
>
> –*Después de muerto pa' que son calzones?* que significa, No esperes a estar muerto (o que yo esté muerto) para hacer algo al respecto.

La vida en Laguna San Ignacio en esta época era muy diferente. Los dos factores principales que determinaron el ritmo de vida, sin lugar a dudas, fue el camino desde el pueblo de San Ignacio y el desarrollo del ecoturismo con ballena gris.

Desde los 1950s hasta 1980 solo existía un camino, que no necesariamente se dirigía al pueblo de San Ignacio, sino que conectaba de un rancho a otro hasta que eventualmente se llegaba a San Ignacio y regularmente tomaba de cuatro o seis horas. En 1980 se construye el camino de terracería con el propósito de conectar directamente el pueblo de San Ignacio con la Laguna de San Ignacio, en este nuevo camino tardabas entre una o dos horas dependiendo del tipo de vehículo. Hoy en día, 50 de los 60 kilómetros del pueblo de San Ignacio a la Laguna están pavimentados, y regularmente toma entre 35 a 50 minutos.

Aparte del camino, la historia moderna de Laguna San Ignacio cambió a causa de un evento muy importante y se refiere a la primera interacción en son de paz entre humano y ballena gris. Este encuentro ha sido documentado y todo el mundo ha reconocido su importancia.

En la época de los cazadores de ballenas, la flota de San Francisco, California estuvo visitando la laguna para llevar a cabo tal actividad a inicios de 1900. Los mexicanos nunca estuvieron directamente involucrados en la caza de ballenas. La ballenas grises

tenía una reputación, ya que al sentir que los balleneros atacaban a sus crías, embestían sus embarcaciones, dañándolas y a algún humano o dos. Fue así como los pescadores locales fueron escuchando las leyendas de las ballenas agresivas mejor conocidas como "pez diablo."

Los pescadores locales fueron contratados en algunas ocasiones para reparar los barriles de madera en que colectaban el aceite de ballena. Al fin y al cabo, los locales eran quienes sabían dónde encontrar la madera adecuada para repararlos en el desierto árido.

Aunque la ballena gris fue declarada bajo protección en aguas mexicanas desde 1949, para los 1970s los pescadores locales aún compartían las historias y los temores a las ballenas agresivas. Durante el invierno cuando las ballenas tomaban posesión de Laguna San Ignacio, los pescadores locales recurrieron a producir sonidos fuertes en sus pangas de madera para ahuyentar a los cetáceos, lo cual funcionaba muy bien. Esto se convirtió en una práctica común en los inviernos para evitar la confrontación. Fue en esta época donde otro evento importante en Laguna San Ignacio cambía nuestra historia y que hasta la fecha marca la rutina de comunidad pesquera.

He aquí el evento que inicia la actividad económica más importante en el invierno lagunero de hoy:

*Un día de invierno de 1972 en la laguna Pachico Mayoral y Santos Luis ("Chuma") mientras pescaban por mero, distraídamente se olvidaron de hacer ruido para ahuyentar las ballenas. Cuando se dieron cuenta una ballenas adulta hace acto de presencia, 18 pies debajo de su panga de madera. Para ese entonces se desconocía que la ballena gris interactuaba pacíficamente con los humanos, que algunas décadas atrás las persiguían con arpones mortales con el propósito final de llenar sus barriles con aceite e intercambiarlo por dólares. Hasta ese momento no se conocía de encuentros entre humanos y ballenas grises sin que alguno de los dos terminara sin vida. Al ser sorprendidos por este cetáceo los dos pescadores pensaron que este era el fin de sus vidas, no sabiendo que hacer solo permanecieron inmovilizados a la merced del "pez diablo" bajo su panga. El momento el temor era tan grande ya que el animal el doble de grande que su embarcación. Después de algunos minutos (que le parecieron eternos) se dio cuenta que esta ballena no mostraba ninguna agresión como describían en las historias de los cazadores de ballenas. Simplemente mostraba curiosidad por estos dos humanos, que no resemblaban en lo más mínimo a aquellos anteriores con el arpón en la mano. Tal vez fue este el instante en que la ballena gris decidió que era el momento del perdón hacia los humanos e iniciar un ofrecimiento de amistad.*

*Como muchos saben hoy en día, la sensación es inmensa cuando se encuentra uno cara a cara con este gigante del océano. Una vez que el temor se vuelve calma, esta da paso a la intriga, seguido de la curiosidad... y es aquí que Pachico con un sentimiento entre tímido y travieso toca la ballena con la punta de los dedos una vez. El cetáceo parece no incomodarse. Pachico extiende la mano de nuevo y esta vez la toca por una vez más. La ballena sólo se queda tranquila, a la vez que hace contacto visual con Pachico... y es aquí que Pachico asimila el mensaje del gigante: este es realmente el perdon de los gigantes. Pachico emocionado empieza acariciar esta ballena como quien acaricia su recién nacido.*

*"¡Tócala tu Chuma!"*

*"¡Yo no voy a tocar ese animal! ¿Qué tal si voltea la panga?" Santos Luis (Chuma) no logró vencer el temor a la ballena y negó esa vez a tocarla.*

*Después del encuentro, Pachico ya no pudo seguir pescando, asi que regresaron al campo pesquero. Relataron el evento a la pequeña comunidad de pescadores (tres familias en ese tiempo). Inicialmente nadie lo creía, los días subsecuentes Pachico, con la curiosidad de saber si fue un encuentro solo por accidente, decide hacerse presente entre las ballenas, y de nuevo la interaccion amistosa se da. Los gigantes se muestras decididos establecer la paz con los humanos. Una vez que los otros pescadores se han cerciorado de que los encuentros amistosos de Pachico con las ballenas era una realidad, aún seguían creyendo que lo que Pachico hacía era una locura y que eventualmente uno de estos cetáceos terminaría atacándolo.*

*Inicialmente llevó algunos amigos a presenciar y participar en los encuentros amistosos, estos esparcieron la voz y pronto el número de visitantes incrementó. Al inicio Pachico solo cobraba por el remplazo de la gasolina... no necesariamente lo veía como una fuente de trabajo. Pachico participó en diferentes proyectos relacionados con ballenas en Laguna San Ignacio, ya sea con la ayuda de investigadores científicos, filmes documentales, asi como entrevistas para difrerentes revistas o periódicos nacionales e internacionales.*

## Creciendo en la Laguna

A los siete años de edad era el momento de ir a la escuela. Cuando yo los cumplí-no existía escuela en Laguna San Ignacio, la más cercana estaba en San Ignacio. Sin embargo, debido a una mala experiencia tuve que atender a un internado en Santa Águeda, a ocho-doce horas de la laguna (en aquel tiempo). El internado era un albergue auspiciado por el gobierno estatal, con servicio de dormitorio y alimentación. Este sistema de albergues ayudaba en comunidades rurales de escasos recursos para

que los jóvenes pudieran atender a la escuela primaria con las atenciones básicas. En mi caso, desde los siete años de edad sólo visitaba a la familia por dos semanas en Navidad, dos semanas en Semana Santa y dos meses en verano, hasta que terminé la escuela a los 15 años.

Aunque había aprendido lo básico de la pesca durante las vacaciones de verano, fue hasta el verano de 1987, que mi papá estuvo seriamente enfermo de los riñones (estuvo hospitalizado por varios meses), que tuve que dejar la escuela definitivamente para pescar, ayudar con las necesidades de la familia y con los gastos médicos de mi papá. Tenía que pescar para comer, Jesus y Moni también estaban en la escuela.

De septiembre a diciembre de 1987 encontré trabajo enhielando pescado en camiones para ser transportado al norte, para los mercados de Ensenada y Tijuana. Este ha sido el peor trabajo que he tenido. Teníamos que esperar que las pangas regresaran de pescar, regularmente pasado el mediodía llegaba la primera, de ahí llegaban más y más. Para el atardecer teníamos una gran cantidad de pescado que enhielar, normalmente no terminábamos hasta media noche o más tarde. Lo peor es que, con el pago de un día, si consumía una coca-cola, unas sabritas, y un chocolate, el 100% de mi salario se acababa. Por supuesto renuncié. Para enero empecé a trabajar como lanchero para la observación de ballenas, a la edad de 16 años en 1988. Cuando inicié, ya había practicado con mi papá la temporada anterior, así que aprendí directamente del "maestro" el trabajo con las ballenas.

Durante la temporada, recuerdo que mi papá y hermano mayor Ranulfo hablaban un poco de inglés, lo suficiente para comunicarse con los visitantes. Yo sólo sonreía—¡si tan solo hubiera puesto atención a las clases de inglés cuando estuve en la escuela! Ranulfo y Pachico se comunicaban con los visitantes, hacían amigos, y obtenían mejores propinas. Tengo que aprender inglés, pensaba.

Para cuando cumplí 18 años mi papá me regaló una panga, la cual nombre "Susie Q" por ser una de mis canciones favoritas de mi banda favorita Creedence Clearwater Revival. Utilicé esta panga desde entonces para la pesca y observación de ballenas hasta mis 24 años.

## La Pesca

Nuestra vida de pescadores continuaba. Por mucho tiempo la pesca principal fue langosta, mero y caguama (tortuga). Recuerdo cuando era niño que mi papá traía al campo las tortugas pequeñas para que nosotros las liberáramos, después de jugar con

ellas por supuesto. Se sostiene de su caparazón con una mano detrás de la cabeza y la otra mano donde tienen su cola, y básicamente se puede manejar o dirigir a la tortuga. Izquierda, derecha, arriba, hacia abajo... lo que no se podía regular era la velocidad y aunque fueran tortugas, ellas terminaban ganando al salir más rápido de lo que nosotros podíamos controlarlas.

Para este tiempo las tortugas pequeñas que mi papá liberaba eran de menos de 30 kilos (30 kg o más eran comerciables). Unos años después se comercializaban de 20 kilos o mayor y de menos de 20 se liberaban. Para cuando yo inicié en la pesca a mis 15 años solo se liberaban las de 10 kg o menos.

***

Al terminar los meses con las ballenas grises, la temporada en la primavera era el tiempo de la transición, de panguero con ballenas a pescador. La transcición de turismo a pesca suele ser un poco drástica... de esperar a que los vientos disminuyan para salir al mar, a salir al mar con la esperanza de que el viento disminuya. Pero si la fuente de ingreso es la pesca, el viento no te detiene de trabajar a menos que las condiciones sean muy extremas.

Salir por la boca de la laguna al Océano Pacífico no es necesariamente fácil... requiere un buen grado de experiencia, valor, determinación y dinero. Para alguien ya con experiencia no es problema, pero para un novato puede ser intimidante y peligroso. Quien funciona bien ante el flujo de adrenalina, puede ser la mejor manera de inciar su día.

Comencé a pescar en el Pacífico con una panga de siete metros y un motor Evinrude de 45 caballos de fuerza. Cuando otros pescadores utilizaban pangas de ocho metros y motores de 75 a 115 hp, algunos de ellos impresionados de cómo nos aventuramos en las olas de la boca de la laguna con nuestro pequeño Evinrude.

Para pilotear una panga y sortear las olas de la boca se requiere valor indiscutíblemente. Cuando te acercas a las olas de la salida, tienes que buscar el área con menos rompiente, por supuesto (esto indica que es la parte más profunda del canal), pero en ocasiones que la rompiente cubre todo, y te tienes que enfrentar al agua blanca o espuma (que no afecta la panga considerablemente) para pasar la próxima ola antes de que rompa. Algunas veces te das cuenta que no alcanzas a pasarla, entonces das vuelta en "U" lo mas rápido que puedes, dejas que la ola rompa detrás de ti, en cuanto puedes haces otra vuelta en "U" a toda velocidad y tratas de nuevo pasar la próxima ola antes

de que rompa. Regularmente haces la misma operación hasta que la logras pasar antes de que rompa, una vez que pasas sigues hasta salir a mar abierto.

En otras ocasiones te das cuenta que es demasiado tarde para vuelta en "U" y no tienes otra alternativa que detenerte lo mejor que puedas y terminas brincando la ola... uno, dos o tres metros en el aire. Una vez que brincas una ola ya estas comprometido y sigues hasta salir a mar abierto. Realmente extraño esta parte de mi otra vida.

## Transiciones

La vida de pescador puede ser muy libre y emocionante, pero en mi época fue un poco desesperante. Especialmente cuando el precio del pescado estaba alto cuando no había pescado, y en cuanto en la temporada había abundancia, el precio bajaba. Esto definitivamente se siente como si la vida del pescador es manipulada indiscriminadamente por los mercados exteriores. Además, todos los insumos, materiales de pesca, motor fuera de borda, etc., son materiales importados a precio de dólar, y el producto se vende en pesos. Nunca pude ver el avance en ningún lado. Todo este tiempo con deudas y año tras año no progresaba en lo más mínimo. Por lo tanto, las esperanzas de salir adelantes se esfumaban frecuentemente.

Por mucho tiempo quería hacer un cambio en mi vida, pero no sabía como, ya que mi única habilidad era la pesca (es lo que yo pensaba). El hecho de salir a la "civilización" y buscar un empleo con mis estudios sólo hasta segundo de secundaria... no podría haber aspirado a nada mejor que un empleo de salario mínimo, el cual en México es una ofensa al sudor del empleado aspirante. Me sentía completamente atrapado por años. ¡Atrapado! Entre la necesidad y la pesca ilegal... una situación difícil que se juzga muy fácilmente por los foráneos cuando ni siquiera asimilan el tipo de vida que un pescador afronta para poder mantener a su familia. En muchas ocasiones que salía a pescar, sabía que, si regresaba con las manos vacías, no habría nada para comer en la mesa. Mucha gente no tiene la menor idea de lo que se siente en estas circunstancias, es realmente un privilegio nunca irse a la cama con el estómago vacío.

En la primavera del 1995, se nos invitó a una reunión la comunidad de las observadores de ballenas a la cual no acudí por alguna razón. Creo que necesitaba pescar, porque tenía tantas deudas, que no había tiempo para reuniones. Maldo, mi amigo, si acudió, y cuando regreso al campo pesquero esa tarde nos platicó que esta era para un curso de inglés que se ofrecía para los involucrados en la actividad de observación de ballenas. Para la selección de participantes se había establecido la fecha (30 de Julio) en el pueblo de San Ignacio (justo en el festival más grande de la región). Mi hermano

Jesus (compañero de pesca) y yo lo platicamos. El curso se implementaría en el otoño (la peor temporada de pesca) y justo antes de la temporada de ballenas; además que ofrecían $200 dólares por mes por un curso de tres meses. No había mucho que pensar, durante el otoño regularmente sólo sobrevivíamos porque la pesca no era tan abundante, de hecho terminábamos en deuda tratando de encontrar pescado que no había.

Hicimos acto de presencia en San Ignacio para la entrevista... (aunque la fiesta de San Ignacio fue definitivamente una distracción), pero Maldo de nuevo tuvo que buscarnos para que participáramos en las entrevistas. (Maldo, de nuevo, ¡Muchisimas Gracias! En caso de que no te lo haya mencionado lo suficiente.) Este fue el primer paso en el cambio de vida que hizo la diferencia para mí.

En las entrevistas, encontramos al director del programa para entrenar los guías en el campo de conservación tropical, conocido ahora mismo como RARE. Maldo, mi hermano Jesus y yo fuimos seleccionados para participar. Fue un entrenamiento intenso por tres meses, donde nos enseñaron inglés, historia natural, habilidades de guía naturalista e interpretación ambiental, entre otros temas.

Definitivamente, este fue el primer paso que cambió mi vida. Han existido varias etapas que ha definido quien y como soy, pero el curso de RARE por seguro marcó el primer cambio significativo en mi desarrollo personal.

Vale la pena mencionar que me enamoré por primera vez en mi vida en este curso, fue un tiempo muy especial, una etapa inolvidable en mi corazón (sin duda), y también me causó las lágrimas más amargas (también sin duda). Aprendí mucho en varios aspectos, incluyendo experiencias de vida que también contribuyeron a ser quien soy hoy en día.

## Hacer "Progresos"

Para cuando nos graduamos del curso de Entrenamiento de Guías, con una nueva perspectiva y una visión fresca sobre el manejo de los recursos naturales y su sustentabilidad; fue que escuchamos sobre la propuesta de expansión de la empresa desalinizadora (ESSA) a Laguna San Ignacio. Habíamos escuchado algunos rumores en el pasado, pero nada formal. Se rumoraba sobre la expansión y todo el "progreso" que

esto significaría para la comunidad, "mucho trabajo" decían algunos, que ya no tendrían que depender de la pesca. Por supuesto que estos rumores estaban inclinados de un solo lado y obviamente por ser rumor no necesariamente analizado por los locales, o, dicho de otra manera, cierta información no era compartida. De esta manera no se tendría el conocimiento básico para evaluar, tener preguntas específicas sobre el proyecto y su posible impacto ambiental.

En algún momento alrededor de 1994, un compañero de escuela de mi papá, quien era ejecutivo en la empresa ESSA—la empresa que tenía la salinera en Laguna Ojo de Liebre—visitó a mi papá para persuadirlo de ayudar a convencer a la comunidad local sobre los beneficios del proyecto y así obtener su apoyo. Para esto se le proveyó a Don Pachico un plano del proyecto.

De lo que Pachico pudo comprender de este proyecto, sólo un par de docenas de empleos serían para algunos locales a los niveles más bajo de salario; la mayoría de iba a ser para mano de obra especializada (ingenieros y profesionistas especializados). Obviamente la gente de fuera tendrían el mayor beneficio del proyecto, a la vez que el mayor impacto ambiental cambiaría la vida de la comunidad local en todos los niveles.

Pachico sabía que no conocía los pasos necesarios para evitar que un impacto ambiental de esta dimensión se llevara a cabo. Pero supo con quien se podía asesorar y compartir sus preocupaciones. Así que inicialmente lo platicó con Serge Dedina, quien es muy conocido en la laguna ya que "Sergio" trabajó ahí por varios años mientras realizaba su tesis sobre ballena gris. Una vez que Pachico sonara la alarma, Sergio proyectó el eco a nivel nacional e internacional. Pronto la comunidad conservacionista y científica unieron esfuerzos para llamar la atención y presentar a gran escala la amenaza que este desarrollo significaba para Laguna San Ignacio y su ecosistema entero.

Cuando la propuesta de expansión de la Compañía Exportadora de Sal estaba activa, hubo una sección de la comunidad que esperaba tener la oportunidad de empleo seguro con prestaciones y beneficios (que la pesca comercial no ofrece) y participar en la producción de una compañía de talla internacional. En realidad, la información recibida a nivel local era mínima y las esperanzas no eran necesariamente fundamentadas con la realidad. Los potenciales impactos negativos de este proyecto hubieran afectado el ecosistema entero de Laguna San Ignacio, la única en Baja California en condición prístina. Hubieran impactado directamente al manglar que rodea a la laguna, afectando pesquerías de todo tipo, la materia prima del sustento de todos los

residentes. Las ballenas que nos visitan por dos a tres meses, pudieran haber alterado su comportamiento, pero no estoy seguro que los cetáceos hubieran desistido de arribar a esta laguna para su visita de invierno para aparear y procrearse. En Laguna Ojo de Liebre, por ejemplo, las ballenas aún arriban a ese complejo lagunar, a pesar de la prescencia de la salinera. El beneficio que estas lagunas costeras ofrecen a la reproducción de estos animales es crítico para su ciclo, que tal vez hubieran seguido llegando.

Sin embargo, la ballena gris fue el perfecto estandarte para llamar la atención a nivel internacional en pro del medio ambiente y la decisión final de no construir la salinera fue ventajoso para los recursos naturales de la laguna. En resumen, la decisión de conservar Laguna San Ignacio en su estatus "prístino" fue la mejor decisión.

## Ecotourismo y el Reglamento

Una vez que la voz se dispersa de aquel encuentro amistoso con Pachico y la ballena, la curiosidad empieza a atraer algunos exploradores californianos. A mediados de los 1970s, los Suburbans 4x4 llegaron y para finales se establecieron los campamentos alreadedor de la laguna. En 1980 que se construyó el camino de terracería y fue posible para los dueños extender sus campamentos y negocios.

La llegada de los turistas y la creación de la Reserva de la Biosfera El Vizcaíno cambiaban las actividades en la laguna y las de la familia Mayoral. Por las nuevas normas, la política local, y las competencia, era difícil para los pescadores, incluido Pachico, continuar prestando el servicio independiente como pangueros y guías en la estación de las ballenas, cuando la pesca era tan limitada.

Una vez que incrementa la participación de empresas locales y visitantes, se incrementa el número de embarcaciones realizando la observación de ballenas. Es entonces que se identifica la necesidad de crear un plan de manejo de la actividad, creando una capacidad de carga, obviamente asesorados por los investigadores de los cetáceos: Mary Louisa Jones ("Mary Lou") y Steven Swartz, quienes llegaron a la laguna en 1977 para trabajar en una tesis sobre la ballena gris. Obviamente hacen contacto con el único pescador local que hablaba algunas palabras de inglés y que resulta ser el mismo pescador que tuvo aquel famoso primer encuentro amistoso con la ballena gris.

El desarrollo regulado del ecoturismo con ballena gris definitivamente ofrece una alternativa viable de trabajo para una mayoría de la población de Laguna San Ignacio. De hecho, es la fuente primordial de la economía de la zona en invierno-primavera. Para cuando las ballenas arriban a mediados de diciembre, los pescadores comerciales

se ven obligados a terminar la pesquería de langosta, y de escama con redes agalleras. Es en este momento en que se convierten en prestadores de servicio operando en los campos de ecoturismo, ya sea como administradores, pangueros, guías naturalistas, en servicio de alimentos, mantenimiento y abastecimiento de provisión y agua.

El ecosistema marino se ha beneficiado de manera directa al reducirse la extracción de los recursos marinos, otorgando tres meses de espacio para que las varias especies se reproduzcan y desarrollen. Las ballenas que visitan Laguna San Ignacio tienden a reconocer el estatus de ambiente prístino que tal vez no gocen en los complejos lagunares al norte y sur de nuestra localidad. De acuerdo a estudios bioacústicos, estos reflejan que San Ignacio es el santuario de ballenas con menos impacto acústico—hay menos ruido—en comparación con las otras lagunas, las cuales presentan estaciones de bombeo de agua salada para la producción de sal al norte y el tráfico de embarcaciones mayores de carga y flota pesquera al sur.

## La Vida de la Laguna

El ritmo de vida en la laguna es muy variado, para algunos puede ser monótono, cuando para otros es muy cambiante e impredecible. Iniciamos el año con la celebración de Año Nuevo y los preparativos para la temporada de ballenas (algunos ya han iniciado temporada), regularmente en Campo Pachico iniciamos temporada de ballenas hasta el 15 de enero cuando el número de ballenas es más estable y se puede garantizar el avistamiento a los turistas. Algunos campos empiezan más temprano, pero no consideramos respetuoso para las ballenas el iniciar la actividad cuando tenemos solamente media decena de ellas y están buscando el descanso y resguardo que la laguna les ofrece después de la larga migración desde el Ártico.

Alrededor del 60% de la población en Laguna San Ignacio trabajan en el ecoturismo con la ballena gris directa o indirectamente, lo cual arroja un ingreso económico importante para la comunidad. Muchos de los prestadores de servicios, entre dueños de campos, administradores, naturalistas, empleados de cocina, mantenimiento, lancheros, chofer de vehículos, son miembros de la comunidad y familias locales que trabajan directamente en la prestación del servicio, así como otros de comunidades aledañas de la región. Otros empleos indirectos para la comunidad es el de suministro y transporte de insumos, suministro de mariscos frescos a los diferentes campamentos, etc. Los empleos derivados del ecoturismo en Laguna San Ignacio se incrementan considerablemente en el pueblo de San Ignacio ya que es la puerta de entrada a la Laguna, entre servicio de hoteles, restaurantes, tiendas de insumos y agua (aún no existe servicio de agua potable en Laguna San Ignacio).

Para la primavera es casi el final de la temporada de ballenas y la tradicional fiesta mexicana de Semana Santa donde todo México se pone de fiesta y se van a la playa. Una vez que las ballenas han migrado al norte, los campamentos cierran el servicio, los empleados cobran sus salarios y se unen al resto del país en la fiesta. Algunos utilizan muy bien su dinero o lo ahorran, no necesariamente es el caso para todos, algunos siguen la fiesta hasta que los últimos residuos de las propinas se han esfumado y esto marca la transición a la temporada de pesca. Para la segunda mitad de abril ya la mayoría ha retornado a la pesca comercial, ya sea pescando dentro de la Laguna con redes de encierre, con línea y anzuelo para garropa, mero, curvina o cabrilla, con trampas para jaibas, o buceo de callo de hacha. Otros pescan con redes agalleras en mar abierto para lenguado, guitarra, tiburón ángel o "angelito," curvina grande y jurel.

Regularmente el verano es la mejor temporada para la pesca. A inicios de la temporada cuando la captura es menor los precios son altos y para media temporada cuando la captura aumenta los precios disminuyen (es la historia de todos los años). Otro reto al que se tienen que enfrentar los pescadores son los huracanes, los cuales inician en junio y terminan a finales de septiembre o inicios de octubre. En esta región de la península donde el desierto es tan árido, las lluvias torrenciales de las tormentas hacen correr los arroyos causando crecientes que regularmente destrozan los caminos impidiendo el acceso a la civilización para surtirse de lo más básico, así como para sacar su producto al mercado. La economía local definitivamente sufre un estancamiento de un par de semanas regularmente.

Para el otoño la pesca en mar abierto ha reducido y una vez que los sistemas de baja presión han disminuido, inician los sistemas de alta presión con vientos más prolongados de noroeste y norte que se extienden hasta la primavera. En el otoño inicia la temporada de langosta (primero de octubre y dura hasta que la primera ballena ingresa a la laguna en diciembre o enero). Otra pesquería importante en el otoño es el camarón, aunque no todos los años; esta depende totalmente de la fuente de agua de lluvia y los arroyos que fluyen en la laguna en la temporada de verano.

Es en el otoño que los diferentes campamentos balleneros inician su trabajo de mantenimiento y reparaciones para estar listos a inicios de años para prestar el servicio y recibir las ballenas una vez más. La gran mayoría esperando la temporada con anticipación, las conversaciones comunes hablan del número de reservaciones, las esperanzas de mejorar la temporada anterior, el precio de la gasolina, si el camino lo van a terminar de arreglar después de los estragos del último huracán, etc.

## El Camino

Otro aspecto importante que influyó en la evolución o desarrollo social en Laguna San Ignacio es el camino.

Desde que se establecieron los pescadores de caguama originales a finales de 1800 el acceso era en mulas o burros, aún para transportar agua en barriles de madera. La fuente de agua más cercana era y es el Rancho El Álamo en el camino hacia San Ignacio, que al paso de mula tomaba todo un día para llegar, y todo otro día para regresar. En temporadas de lluvia era muy importante colectar agua de las pozas para así ahorrarse algunos viajes al agua hasta El Álamo. A finales de los 1950s se abrió el primer acceso de carro, que no necesariamente era en línea directa a San Ignacio. Este primer camino, conectaba de un rancho a otro, y eventualmente se llegaba al pueblo de San Ignacio tomando entre ocho a diez horas y una llanta ponchada o dos.

Para 1980 se construyó el camino de terracería conectando el pueblo de San Ignacio a la laguna en línea más directa, supuestamente. Este camino facilitó enormemente el acceso a camiones de carga más grandes con capacidad de transportar el producto pesquero a mayor escala y por ende un número mayor de pescadores arribaron a la región con muy poca organización o inspección adecuada de las autoridades en extracción de los recursos pesqueros. Esta terracería también logró incrementar el flujo de visitantes en busca de la experiencia con las ballenas.

Desde 2009 se inicia la pavimentación del acceso a la Laguna y para 2015 se pavimentan 50 de los 60 kilómetros que comunican el pueblo de San Ignacio con la laguna. Obviamente esto incrementa el flujo de visitantes tanto para la observación de ballenas como el incremento en camiones de carga para transportar los mariscos de la laguna hacia los mercados nacionales e internacionales, entre los que se cuenta pescado de escama, almeja pismo, callo de hacha, camarón, langosta y ostión de cultivo.

Eventualmente el camino pavimentado llegará hasta la playa de Laguna San Ignacio. Es natural que algunos cambios se originen debido al fácil acceso. La visión de modernización tradicional en esta región de México me asusta. La educación comunitaria sobre el uso moderado de los recursos naturales es muy necesario. El desarrollo de una comunidad no necesariamente significa rodearla de concreto y bloques de cemento. No se tiene que rodear de postes y alambres eléctricos.

Por allá al norte en la comunidad del Rosario, B. C., vivió una señora que se hizo famosa con su restaurante al lado de la carretera transpeninsular. Cuando se estaba concluyendo la construcción de la carretera (1973), le preguntaron que cual era su

opinión sobre la carretera... y les contesta: "Camino malo, gente buena... camino bueno, gente mala." Es exactamente esta frase de Mamá Espinoza la que tenemos que tener en cuenta por el futuro que depara a Laguna San Ignacio.

## Reflexiones

Lo digo de nuevo, Laguna San Ignacio significa "el hogar," "el nido," con orgullo digo que soy nativo de Laguna San Ignacio y aunque en estas fechas no radico ahí de tiempo completo, Laguna San Ignacio no sale de mí, corre por mis venas. Para mí es el centro del universo. Para mis hijas tal vez es un significado muy diferente. Toda su vida han visitado la laguna, y es eso, el lugar que se visita para ver la familia y las ballenas. Mis hijas son mexico-americanas, bilingües y biculturales, de hecho, toman muy en serio sus raíces mexicanas. Definitivamente el significado es el hogar de Tata Pachico y Nana Carmen y sus ballenas.

***

La vida en la Laguna no necesariamente ha sido fácil, pero me ha enseñado a apreciar el significado de la vida sustentable, la importancia del balance ecológico y el rol que nosotros los humanos desarrollamos en el ambiente. Un pueblo chico en sí, llega a ser como un microscopio de la sociedad. El apoyo mutuo por un bien común es clave.

***

En las temporadas altas en realidad no existe excusa para la pesca ilegal, pero en las temporadas bajas, cuando el único pescado que se encuentra es el más barato, y el clima es más intenso, no se ven alternativas. Las temporadas de otoño sólo producían los básico para sostenerse a flote y llevar comida a la mesa y nada más. Por supuesto que los pescadores aceptarán alternativas reales que les asegure el sustento de su familia, el poder proveer estudios para sus hijos, y no correr el riesgo de terminar en prisión.

***

La vida del pescador es algo que mucha gente se aventura a juzgar, sin siquiera tener una idea de la realidad que esta gente vive, especialmente en comunidades rurales. Laguna San Ignacio ha tenido sus épocas de pesca ilegal, y pesca extractiva masiva. Creo completamente en la conservación, sin embargo, al tratar de cambiar costumbres y educar sobre la conservación, los logros se obtienen cuando se ofrecen alternativas viables y tangibles a corto plazo, así como una visión clara y sostenible a largo plazo.

Lo que si tengo muy claro es que no se le puede recitar un sinfín de justificaciones en pro de la conservación, si no se le ofrecen alternativas viables a la comunidad. Esto es lo que muchos programas carecen.

***

Ahora veo tan claro cómo las especies se van exterminando paso a paso por el consumo indiscriminado. Gracias al curso de Guias Naturalistas de RARE, mi perspectiva cambió, ¡es increíble lo que sucede cuando la educación llega a las tradiciones de una comunidad! Por supuesto que estoy a favor de la conservación de los recursos y la sustentabilidad, sin embargo, creo que mucha gente juzga las acciones de una comunidad sin realmente participar o contribuir en la busqueda de soluciones cuando se habla de manejo de pesquerías. Hoy en día existen más programas de apoyo y asesorías para el sector pesquero que definitivamente ayuda en el proceso del uso sustentable de los recursos.

***

El efecto o beneficio de programas de apoyo derivados de esta campaña no necesariamente tuvo impacto en los diferentes grupos de la población. A lo que me refiero es que puede esta no será la última amenaza de desarrollo para esta región, y es indispensable que todos los grupos que representan la comunidad de Laguna San Ignacio sean considerados en futuros programas de apoyo. Para hacer frente ante cualquier amenaza a futuro tenemos mejores posibilidades de éxito si mostramos una comunidad unida, trabajando por una laguna prístina y sustentable. Por supuesto que para mostrar un "frente unido" tenemos que garantizar que los diferentes grupos sociales participen en la lucha por defender la laguna y sus recursos naturales, y que a su vez se les incluya en los apoyos derivados de tal lucha comunitaria.

# ACCIÓN

**Richard J. Nevle** es Director Adjunto del Programa de Sistemas Terrestres en la Universidad de Stanford y coautor de *The Paradise Notebooks: 90 Miles across the Sierra Nevada*. Es el autor de numerosos artículos científicos y receptor del reconocimiento más alto a la excelencia docente otorgado por la Universidad de Stanford.

# UNA SEMILLA DEL ÁRBOL DE ESPERANZA: EL MOVIMIENTO PARA SALVAR A LA LAGUNA SAN IGNACIO

Richard J. Nevle

Traducido del inglés por Regina Lobo Barrera

*Estrellas, colinas, nubes, árboles, pájaros, grillos,*
*hombres: cada uno en su mundo, cada uno un mundo*
*y no obstante, todos esos mundos se corresponden. Sólo si*
*renace entre nosotros el sentimiento de hermandad con*
*la naturaleza, podremos defender a la vida.*

—Octavio Paz

En marzo del 2018, me senté en una roca caliza posada a la orilla de la Laguna San Ignacio, mirando hacia los picos oscurecidos del campo volcánico de Santa Clara. Un sol blanquecino se deslizó detrás de una cortina de nubes pálidas, inclinándose hacia el Pacífico. Gaviotas revoloteaban y graznaban en lo alto. Pelícanos y cormoranes volaban a una altura baja, sobre las olas generadas por el viento. Charranes sobrevolaban, para luego caer en picada dentro del mar, emergiendo de la espuma salada con peces relucientes con escamas plateadas, retorciéndose en sus picos. Pequeños y duros cangrejos de roca, con carpachos de colores casi psicodélicos, pintados en tonos de azafrán, carmesí, y cerúleo, se escabullían sobre rocas recubiertas por conchas. El agua de la laguna resplandecía con tonalidades jade, luego peltre, después celadón. A la distancia, columnas de rocío se elevaron del agua mientras una ballena gris y su ballenato emergieron a la superficie, madre y cría tomando aire antes de desaparecer de nuevo en las opacas profundidades.

En casi cualquier tarde de marzo en la Laguna San Ignacio, podrías ver lo mismo. Quizás encontrarías un lugar de gran abundancia, el cual proporciona sustento que puede a la comunidad pesquera local y en el invierno ofrece un respiro y protección a cientos de ballenas grises que llegan a aparearse y a dar a luz. La laguna y sus entornos austeros de colinas volcánicas color mandarina y salitrales de un fulgurante blanco, inmutables, permanentes. Es cualquier cosa, pero. La Tierra es un texto escrito y reescrito; todo está sujeto a revisión, incluso—y quizás especialmente—un paisaje salvaje y primordial. Los procesos geológicos y evolutivos tan intricados y entrelazados han hecho y formado la Laguna San Ignacio a través de miles de milenios, pero permanece en una condición salvaje sólo por la previsión, intervención y cuidado humano.

Entre los asombrosos regalos de la Laguna San Ignacio, uno es que permite a un alma ordinaria sentarse entre sus ásperas costas cubiertas de conchas, observar sus resplandecientes aguas y ser testigo de una abundancia de criaturas practicando sobre las olas su perfeccionada arte de supervivencia. Al presenciar tales revelaciones, el observador podría recordar la grandeza del mundo al que formamos parte. Uno al cual pertenecemos, en el que cada uno de nosotros, como una mota de polvo de estrella flotando entre una pálida nube galáctica, es sino una forma animada en una multitud. Esa Laguna San Ignacio permanecería salvaje, se quedaría en tal estado como si el continuar ofreciendo sus regalos con tanta generosidad no fuera de ninguna manera inevitable. Pudo haber sido de otra manera. Las cosas pudieron resultar diferentes aquí en esta comunión de tierra y mar que es la Laguna San Ignacio de Baja California

Permíteme contarte la historia de cómo fue que rescataron a este lugar de un destino diferente. Como fue auxiliado de un plan que lo hubiera transformado el singular desierto que lo rodea en un páramo industrial, todo para extraer la sal de la laguna. Déjame relatarte como se salvó a la Laguna San Ignacio—como cualquier lugar puede verdaderamente ser salvado— por una coalición difícil y a veces irascible de poetas, científicos, activistas, locales, administradores gubernamentales, abogados y ciudadanos ordinarios, algunos de ellos niños pequeños, los cuales despertaron por una causa mayor que ellos mismos; conspiraron y crearon estrategias y trabajaron y pelearon, a veces con propósitos opuestos, en ocasiones tomando riesgos peligrosos y aún así superaron las tremendas probabilidades de salvar un lugar remoto para que permanezca salvaje, sustente a humanos y a más-que-humanos para las siguientes generaciones.

* * *

Esta historia comenzó de una manera algo extraordinaria con un encuentro casi bíblico entre un pescador y una ballena. Fue el momento catalítico de contacto entre especies que encendería la mecha de un movimiento político que ardería rápidamente,

uno que eventualmente forzaría a quienes toman decisiones en el gobierno mexicano a considerar los valores contradictorios respecto a para que es un lugar silvestre. ¿Un sitio para sustentar humanos y más-que-humanos en el futuro? ¿O una zona de sacrificio industrial para ser explotada para un material de comodidad? El movimiento para proteger a la Laguna San Ignacio y sus ballenas grises del establecimiento de una gigantesca salinera industrial a lo largo de la costa norte se llevó a cabo entre 1995 y 2000. El esfuerzo fue encabezado por organizaciones ambientales mexicanas y estadounidenses e instigada por la intervención crítica de administradores de agencias gubernamentales mexicanas encargadas con la supervisión de los recursos naturales de la nación. Como asunto en gran medida binacional entre México y su vecino del norte, estuvo plagado de animosidades históricas centenarias, chovinismo cultural, desconfianza, malentendidos, arrogancia e insultos. Sin embargo, incluso como movimiento político que tuvo que navegar lo que era, a tiempos, considerable conflictos y dramas internos, fue, no obstante, uno que finalmente triunfaría en proteger a la Laguna San Ignacio de una operación industrial que hubiera tanto dañado la belleza natural incomparable de la región y probablemente produciría más daño económico que bien para sus residentes.

Sólo podemos especular sobre como el desarrollo de la salinera hubiera impactado a los habitantes más-que-humanos de la laguna. Para parafrasear al cantautor Joni Mitchell, no sabemos lo que tenemos hasta que lo perdemos. Una vez que un área ecológicamente sensible es dañada, la destrucción de sus cualidades estéticas y su naturaleza dadora de vida es casi siempre irreversible en una escala de tiempo que importe para cualquiera de nosotros que vive hoy. Así que, ¿qué podemos aprender del movimiento para la protección de la Laguna San Ignacio? ¿Qué semillas sus lecciones habrán sembrado en nuestra imaginación para los trabajos en curso de reparar el mundo?

Antes de proceder, debo de ser claro acerca de las perspectivas que proporciono al relato de esta historia. Yo soy un observador, recapitulando eventos que transcurrieron hace más de dos décadas, intentando reconstruir los hilos de una narrativa compleja involucrando actores operando bajo distintas y a menudo conflictivas teorías de cambio. Escribo esto desde la perspectiva de un americano de descendencia mexicana, de la de mi capacitación como un científico ambiental y de la de un profesor de estudios ambientales lidiando con cómo hacer sentido a tanto los éxitos y fracasos de la conservación del pasado. Quizás lo más importante, escribo desde la perspectiva de un ciudadano de nuestro planeta, como alguien profundamente consciente del grado al que nuestra tierra natal, la Tierra, y sus habitantes, incluyendo nuestra especie, están bajo una profunda amenaza existencial. Teniendo en cuenta todo lo que está en juego para nosotros, escribo esto desde la perspectiva de alguien que está ansioso por

aprender de aquellos, que, a pesar de sus diferencias, encontraron una causa común en su deseo de proteger a un lugar silvestre y sus habitantes—y tuvieron éxito.

Nuestra historia inicia en 1994, cuando Exportadora de Sal S.A. (ESSA), una empresa conjunta, respaldada por la Corporación Mitsubishi y el gobierno mexicano, propuso un proyecto de una salinera solar masiva en el corazón de la Laguna San Ignacio, una laguna que supuestamente había sido protegida por 3 capas de protección. Había sido declarada parte de un santuario de ballenas por decreto presidencial en 1979, envuelta dentro de la Reserva de la Biosfera El Vizcaíno en 1988 por otro decreto presidencial y luego en 1993 fue enlistada por la del Patrimonio de la Humanidad de la UNESCO. Esta última designación reconoció, en el idioma de la UNESCO, el "excepcional valor universal" de la región, es decir, es un estatus de "un sitio de significancia tan extraordinaria que transciende los límites nacionales y es de importancia común para la presente y futuras generaciones de toda la humanidad." Entre estos tesoros se encuentran otros como la Gran Barrera de Coral, la Acrópolis, el Parque Nacional Yosemite, el Alhambra, Tikal y el Monte Fuji, por nombrar algunas.

El plan de desarrollo de la salinera pretendía transformar un área de la costa norte casi el doble que la de Washington D.C. en paisajes industriales de estanques de evaporación y cristalización; tanques de gasolina y agua; y edificios de oficinas, facilidades para talleres y casas de empleados. Un muelle mecanizado de 2 kilómetros de largo llevaría sal del montículo de un millón de toneladas métricas a través de las zonas pesqueras ricas en langosta y abulón de la laguna y atravesaría la ruta migratoria de las ballenas grises hasta llegar a un muelle de embarque en una terminal del puerto. La infraestructura de bombeo, ubicada cerca de dos sitios de anidación de aves y un área de crianza de ballenas grises, estaría absorbiendo salmuera altamente concentrada conocida como nigari, el cual es tóxico para la vida marina, de estanques para luego tirarlo en Bahía de Ballenas a la entrada de la laguna, a una velocidad de 20,000 toneladas métricas por día. El esfuerzo del desarrollo expansivo dirigido a transformar a México en el mayor productor de sal en el mundo, siendo el beneficiario principal la Corporación Mitsubishi.[1]

---

[1] En el momento, Mitsubishi había poseído los derechos exclusivos de compra de ESSA- producía sal extraída de lagunas al norte de la Laguna San Ignacio a lo largo de la costa del Pacífico de Baja California Sur y Baja California Norte por más de cuatro décadas. Durante este periodo Mitsubishi compraba frecuentemente el producto a precios inferiores a los costos de producción. El gobierno mexicano nacionalizó ESSA en febrero del 2024 después de comprar la participación del 49% de Mitsubishi por 1.5 billones de pesos ($87.6 millones).

A inicios de 1995, dos alumnos de posgrado llevando a cabo investigación de campo en Baja California Sur, Emily Young y Serge Dedina, se enteraron de los planes de la salinera de ESSA. Lograron obtener una copia de los planos gracias al legendario pescador Pachico Mayoral y despacharlos a Homero Aridjis, eminente poeta y diplomático, ávido defensor ambiental y líder del Grupo de los Cien, una organización de prominentes artistas, escritores e intelectuales mexicanos, fundado en 1985 para hacer conciencia pública y responsabilizar a funcionarios gubernamentales por la crisis de salud ambiental que amenazan la Ciudad de México. Aridjis—quien en 1986 había usado su influencia para persuadir al presidente mexicano para proteger a las mariposas monarcas que pasan el invierno en los bosques de oyamel en su Michoacán natal—una vez más entró en acción. Después de ser ignorado en repetidas ocasiones por funcionarios del gobierno mexicano, eventualmente adquirió una copia del estudio de impacto ambiental de ESSA realizado por John Twiss, director ejecutivo de la Comisión de Mamíferos Marinos en Washington D.C. Aridjis descubrió que sólo cinco de las 465 hojas del documento abordaban la mitigación de los daños ambientales que resultarían de la salinera y que solamente veinticuatro líneas del reporte mencionaba el impacto de la salinera a las ballenas grises. Publicó sus hallazgos en una mordaz editorial llamada *El Silencio de las Ballenas* en el diario independiente Reforma de la Ciudad de México en febrero de 1995. Aridjis denunció los planes para la salinera propuesta como "una burla al concepto de reserva de la biosfera." "La Laguna San Ignacio no es un lote vacante o un parque industrial," escribió, "pero uno de los ecosistemas más frágiles del mundo y el hogar invernal de las ballenas grises." El poeta arremetió contra la Secretaría mexicana del Medio Ambiente, Recursos Naturales y Pesquerías por su "grotesca" complicidad en poner "a la naturaleza en venta a postores conocidos por su odio a las ballenas." Dedina remarcaría posteriormente en su libro, *Salvando a la Ballena Gris*, que el reporte era un "modelo de cómo no escribir una evaluación de impacto ambiental."

Mientras que el Grupo de los Cien y una constelación de otros grupos defensores ambientales[2] comenzaron a brillar un reflector intenso en los planes de ESSA para la

---

[2] Las organizaciones involucradas en la oposición del desarrollo de la salinera en la Laguna San Ignacio aumentaron en número a lo largo de la campaña. La más prominente entre estas, además de Grupo de Cien, fue el Partido Verde Ecologista de México, Green Peace México, Pronatura, Pro-Esteros, la Unión de Grupos Ambientalistas de México, el Centro de Ley Ambiental de México, la federación de cooperativas de pesca de Baja California y muchas más organizaciones mexicanas. Grupos fuera de México los cuales contribuyeron a la organización de la campaña en contra de la salinera incluyeron al Consejo para la Defensa de Recursos Naturales, el Fondo Internacional para el Bienestar Animal, el Fondo Mundial para la Naturaleza y muchas más. Hacia la parte final de la campana muchos de estos grupos unieron sus esfuerzos bajo el auspicio de la Coalición para Salvar la Laguna San Ignacio.

Laguna San Ignacio, el gobierno mexicano—bajo el mando del nuevo presidente electo Ernesto Zedillo, economista entrenado en Yale—inició trabajando internamente para investigar los potenciales impactos ambientales, económicos y sociales de la propuesta salinera. Al asumir el cargo en diciembre de 1994, Zedillo había establecido la Secretaría del Medio Ambiente, Recursos Naturales y Pesquerías, conocida por su acrónimo SEMARNAP[3] (la misma agencia que Aridjis había criticado mordazmente dos meses después en su columna en la *Reforma*). Para dirigir esta nueva agencia, Zedillo había designado a la reconocida ecologista y conservacionista la Dr. Julia Carabias. Una de las primeras tareas que tuvo en el cargo fue supervisor la revisión de la declaración de impacto ambiental de la ESSA, la cual se había presentado al Instituto Nacional de Ecología y Cambio Climático (INECC), una rama operacional encargada de la conservación de ballenas. Menos de una semana después de la dura crítica de Aridjis hacia ESSA y SEMARNAP que apareció en *Reforma*, la oficina de Carabias anunció su rechazo de la evaluación de impacto ambiental, citando la incompatibilidad fundamental de la instalación de la salinera con las metas de conservación de la Reserva de la Biosfera El Vizcaíno.

Vale la pena resaltar que el anuncio de la INECC enfatizaba en las amenazas potenciales que el desarrollo de una salinera representaba a la integridad ecológica de El Vizcaíno en general, en lugar de los daños específicos que pudiera infligir particularmente a la ballena gris. Esta decisión de énfasis, ha dicho Carabias, fue una crucialmente estratégica, ya que las ballenas grises han seguido prosperando en lagunas al norte de la Laguna San Ignacio—Guerrero Negro y la Laguna Ojo de Liebre—donde han operado salineras de escala industrial desde los 1950s. Aunque el establecimiento de una salinera operante en la Laguna San Ignacio pudiera no impactar a las ballenas grises, argumentó la agencia, sin duda alguna, degradaría su belleza escénica íntegra y potencialmente podría interrumpir otros componentes funcionales del ecosistema de la región y dañar a otras especies protegidas. La región de la Laguna San Ignacio, además de proporcionar un sitio de reproducción y crianza para las ballenas grises del cual han dependido por mucho tiempo, es hogar de los manglares más septentrionales de América, al igual que de muchas especies que no existen en otros lugares de la Tierra, como el magnífico y amenazado berrendo de Baja California (*Antilocapra americana peninsularis*). La visión más holística de esta agencia de la Laguna San Ignacio resultó profética: casi tres años después de rechazar la declaración de impacto ambiental de ESSA, 94 tortugas verdes marinas (*Chelonia mydas*) en peligro de extinción fueron matadas por la descarga tóxica de nigari de las operaciones de ESSA en la Laguna Ojo

[3] Para ayudar al lector a navegar la sopa alfabética de los acrónimos institucionales, he incluido un breve glosario de estos al final de este capítulo.

de Liebre, una revelación que vino a la luz a través de una investigación del congreso impulsada por el Grupo de los Cien.

Uno pensaría que el rechazo de la evaluación de impacto ambiental habría sellado el destino de los planes de ESSA de establecer una operación de recolección de sal en la Laguna San Ignacio. Sin embargo, ESSA, bajo el liderazgo de un miembro poderoso del gabinete de Zedillo, el secretario de comercio Herminio Blanco, se apresuró a presentar una apelación y lanzar una campaña de relaciones públicas para promover los supuestos beneficios económicos y sociales de la salinera. La cuestión de si desarrollar una operación de recolección de sal en la Laguna San Ignacio llegó a los niveles más altos del gobierno mexicano, lanzando a la SEMARNAP, encabezada por Carabias, en contra del Ministerio de Comercio y Desarrollo Industrial, dirigido por Blanco. Aunque la oficina de Carabias, bajo la autoridad de Zedillo, aceptaría la petición de ESSA para presentar una propuesta revisada del desarrollo de salineras y de la evaluación de impacto ambiental, ella también pidió un nombramiento de un comité asesor de científicos marinos internacionales para que sirviera como un panel de revisión científica. Del cual los miembros estarían a cargo con tanto definir el alcance de la evaluación revisada de impacto ambiental y, una vez completada, emitir una evaluación informada por las perspectivas de ambos defensores y opositores de la salinera. Se acordó que los descubrimientos guiarían la decisión de México de autorizar o no el proyecto.[4] Carabias buscó a Aridjis y a su esposa, Betty Ferber, para sus recomendaciones de expertos para servir en el comité. Entre esos la pareja recomendó (todos a los que Carabias nombraría) fue el eminente biólogo de ballenas Steven Swartz, cuyas ideas acerca de la ecología y conservación de las ballenas grises encontrarán iluminantes en este libro.

Para primavera de 1995, la "Guerra de Sal" de Baja California Sur[5]—la batalla sobre si conservar la Laguna San Ignacio o aprovechar sus aguas saladas para la extracción de sal—había verdaderamente comenzado. A los pocos meses de la publicación de Aridjis en su edición en *Reforma*, el Grupo de los Cien, con el respaldo financiero del Consejo para la Defensa de Recursos Naturales (NRDC), una organización de

[4] Mientras que el comité designado por Carabias definiría el ámbito científico de la revisión de la evaluación impacto ambiental, el propio INECC impondría las condiciones socioeconómicas adicionales. Además de cumplir con todos estos términos, el proyecto tendría que cumplir con las leyes y regulaciones ambientales mexicanas.

[5] El término "Guerra de Sal" se usó por primera vez para describir la batalla política librada por el destino de la Laguna San Ignacio por el Dr. Steven Swartz en su libro *Lagoon Time* (ver cap. 8, *La Guerra de Sal de los 1990s*).

investigación y defensa ambiental con sede en E.E.U.U., publicó un anuncio de página completa que apareció en *The New York Times*, así como en los periódicos mexicanos *La Jornada* y *Reforma*. Éste imploraba a los ciudadanos que pidieran a Mitsubishi y al gobierno mexicano detener los planes de la salinera en la Laguna San Ignacio basándose en que podrían poner en peligro el prístino hábitat de la ballena gris. Varios escritores y organizaciones ambientales internacionales reconocidas firmaron en la declaración— Günter Grass, Margaret Atwood, Allen Ginsberg, Octavio Paz, Peter Matthiessen, W.S. Merwin, el Sierra Club, Earth Island Institute, Greenpeace, Save the Whales, y Rainforest Action Network por nombrar algunas.

Vale la pena señalar brevemente las circunstancias históricas que hicieron la asociación entre la NRDC y el Grupo de los Cien posible. A inicios de los 1990s, durante el desarrollo del Tratado de Libre Comercio de América del Norte (NAFTA), organizaciones ambientales de E.E.U.U. y México comprendieron rápidamente que este tratado podría tener muchas consecuencias ambientales negativas especialmente en México. El brazo internacional de la NRDC pudo proporcionar información acerca de las negociaciones del tratado, la cual el gobierno mexicano se había negado a divulgar públicamente, a sus aliados ambientales en México—incluyendo al Grupo de los Cien. Este esfuerzo cooperativo estableció confianza entre organizaciones ambientales en ambos lados de la frontera Estados Unidos-México y proporcionó una base para futuras colaboraciones.

La publicación de la declaración en contra de las salineras del Grupo de los Cien en periódicos de alto perfil marcó, en muchos sentidos, el inicio de una campaña ambiental que sería inusual por su alcance internacional como la manera en que desplegó el poder conectivo de la tecnología de internet para acelerar y globalizar su estrategia de divulgación y comunicación. Aprovechando el internet, la coalición defensora de organizaciones que manejaron la campaña—entre estas la NRDC, Grupo de los Cien, el Fondo Internacional para el Bienestar Animal (IFAW), Pro Esteros y muchos más—pudieron coordinar fácilmente los esfuerzos para informar e involucrar al público a través de correos electrónicos e información publicada en las páginas web de las organizaciones. Como resultado, miembros del público mandaron más de un millón de postales, cartas y correos electrónicos, incluyendo niños, a los representantes de Mitsubishi y al gobierno mexicano para protestar los planes para la salinera. Miles escribieron mensajes directamente al mismo Zedillo. Entre estos se encontraba el Príncipe Bernhard de los Países Bajos, a quien Aridjis conoció por su tiempo como embajador en el país, quien le mandó a Zedillo una carta abierta para expresar su fuerte oposición a la salinera.

Mientras la campaña para proteger a la Laguna San Ignacio involucró al público en general, también involucró a los residentes de las comunidades pesqueras rurales y remotas cercanas a la laguna. La NRDC ayudó a mantener el flujo de comunicación con los residentes, en parte, mediante la distribución de computadoras y proporcionando información vía CD-ROMs. En febrero de 1997, la NRDC se reunió con el IFAW y el Grupo de los Cien en la Laguna San Ignacio para conocer a los representantes locales, donde se les unieron varias celebridades[6] quienes ayudaron a atraer la atención de los medios a la causa de conservación. Dos años después la NRDC envió a Ari Hershowitz, director de la iniciativa de conservación de vida silvestre en Latinoamérica de la organización, para juntarse con los residentes para obtener sus perspectivas acerca de la propuesta salinera y sus preferencias para un desarrollo económico sustentable en la región. La mayoría de los miembros de la comunidad veían a la salinera de manera negativa, ya que amenazaba la salud de las pesquerías y tenía poco potencial para producir un beneficio económico local. Aquellos que fueron entrevistados por Hershowitz expresaron una fuerte preferencia por iniciativas de desarrollo que les ayudara a aumentar sus ingresos de la pesca, ecoturismo y acuacultura ostrera, así como mejorar el acceso a oportunidades educativas, atención médica y energía. En un estudio independiente del Fondo Mundial para la Naturaleza-México (WWF-México) encontraron pocos puestos, especialmente los de alta remuneración, fueron creados por la salinera para emplear a los residentes locales. Éste también notó impactos colaterales del desarrollo que no fueron incluidos en la evaluación de impacto ambiental original, como aquellos generados por el aumento en la demanda de agua y electricidad, el desarrollo de infraestructura y los desechos obtenidos a causa del aumento de población en la zona. Adicionalmente, advirtió de la potencial disrupción social a medida que más pescadores se verían atraídos a las aguas de la Laguna San Ignacio, aumentando la presión en las preciadas pesquerías de abulón y langosta y la posibilidad de la piratería de recursos y conflictos. Estos hallazgos empezaron a levantar la pregunta de quién, exactamente, sería beneficiado por la salinera y que sentido tendría que México industrializara un paisaje tan únicamente hermoso y salvaje para extraer su sal.

Mientras que la campaña para proteger a la Laguna San Ignacio ganaba momentum, solicitó apoyo de órganos de gobiernos en el extranjero. En diciembre de 1998

---

[6] La campaña, a lo largo de los cinco años que duró, enlistó a celebridades influyentes para atraer la atención a la causa. Los actores Glenn Close y Pierce Brosnan, al igual que Jean-Michel Cousteau y Robert F. Kennedy Jr., quien en ese entonces se desempeñaba como abogado principal de la NRDC, participando en la primera misión patrocinada por la misma. Viajes subsecuentes traerían a legisladores mexicanos, a miembros del Parlamento Europeo, Jacques Cousteau, al Dalai Lama y muchos otros notables a Baja California Sur para registrar su oposición a la salinera.

representantes de la NRDC, IFAW y Pro Esteros viajaron a Japón para presentar unos 30,000 formularios de petición al Comité del Patrimonio de la Humanidad de la UNESCO para instar a declarar "en peligro" al santuario de ballenas de El Vizcaíno, el cual incluía a la Laguna de San Ignacio, mientras que la IFAW presionó al Parlamento Europeo a oponerse a la salinera. Varios meses después, en julio de 1999, la NRDC publicó un anuncio en los periódicos estadounidenses y mexicanos con una declaración respaldada por las firmas de treinta y cuatro destacados científicos internacionales, incluidos nueve acreedores del Premio Nobel, declarando que "La salinera propuesta por ESSA representaría un riesgo inaceptable a los recursos biológicos en y alrededor de la Laguna San Ignacio" y violaría "los principios en que los santuarios, reservas de la biosfera y Sitios de Patrimonio de la Humanidad fueron creados para mantener." Un mes después, una misión del Comité del Patrimonio de la Humanidad llegaría a México.

Es en este momento en la historia que los esfuerzos para salvar a la Laguna San Ignacio comenzaron a adentrarse en territorio político peligroso. Mientras que la atención internacional se dirigía hacia México y varios empezaron a mirar con escepticismo la integridad de los procesos políticos del país e incluso avergonzar públicamente la administración de Zedillo—todas consecuencias de la campaña bien fundamentada dirigida por la NRDC y IFAW—Zedillo se encontró acorralado en una esquina. Se enfrentó a la creciente presión política para autorizar la salinera por una falange de funcionaros públicos, empresarios e inversionistas mexicanos con interés en el desarrollo de Baja California Sur. Mientras tanto, la llegada de la misión del Comité del Patrimonio de la Humanidad a México, descrita como una invasión por algunos reporteros mexicanos, amenazó con replantear la controversia de la salinera en una cuestión de soberanía nacional mexicana, es decir, una batalla entre los intereses nacionales contra los de los extranjeros—principalmente amantes de las ballenas movilizados por fondos de organizaciones ambientales internacionales.[7] En una entrevista, publicada por el *Phoenix New Times*, Carabias contó sobre la intensa molestia de Zedillo con la campaña de la NRDC y su sensación de que las agresivas demandas internacionales habían limitado sus opciones políticas, casi obligándolo a "seguir adelante con la salinera, por cómo se vería la cancelación en la prensa mexicana."

Sin embargo, como ha escrito Mark Spalding, un abogado contratado por la NRDC y IFAW para aconsejarlos temprano en la campaña, es probable que "la ha-

---

[7] El costo de los cinco años de campaña en contra de la salinera, financiado principalmente por el Consejo de la Defensa de Recursos Naturales y el Fondo Internacional para el Bienestar Animal, se estima que fue de $3.5 millones (Spalding, 2006).

bilidad de ESSA para básicamente salirse con la suya [en la construcción de la salinera] hubiera estado asegurada" sin la atención mediática sobre el gobierno mexicano. Spalding también ha señalado que su colaborador, Alberto Székely, un abogado mexicano de interés público, recurrió a todos los medios administrativos y legales a su disposición para implementar "una serie de remedios legales sólidos que dificultaron que al gobierno mexicano el aprobar el proyecto de la salinera sin cometer una denegación de la justicia y sin dejar de cumplir e implementar sus leyes ambientales." Como Spalding, Székely ha afirmado la importante contribución de las organizaciones ambientales sin fines de lucro a la democracia de México durante la guerra de sal, destacando el papel de su defensa a la hora de "influir en tomas de decisiones oficiales, promoviendo la aplicación de la ley y obligando a las autoridades a escuchar las opiniones de grupos sociales."[8]

Aunque los esfuerzos de los activistas pudieron haber disgustado a Carabias, la persecución estratégica de la campaña internacional sobre el gobierno mexicano para acabar con la salinera casi con seguridad le dio el capital político que necesitaba— y que ella probablemente no hubiera obtenido de otra forma—para tanto desplegar los medios legales a su disposición como para dirigir la evaluación de la revisión de la propuesta de la salinera y, de igual importancia, aumentar su influencia con el presidente.

La visita del Comité del Patrimonio de la Humanidad a la Laguna San Ignacio—desde la perspectiva de muchos miembros de la coalición en contra de la salinera—estuvo paralizada desde el principio por la ofuscación burocrática por parte de las autoridades mexicanas. Sin embargo, el equipo del Comité pasó una semana visitando sitios a lo largo de la Reserva de la Biosfera El Vizcaíno y escuchando todo tipo de opiniones referentes al establecimiento de la salinera. En sus reportes publicados el siguiente noviembre, el equipo concluyó que la reserva no estaba "en peligro" ya que todavía no había ocurrido ningún daño por la construcción de la salinera. No obstante, en el lenguaje político más delicado concebible, el reporte incluyó una invitación a México para considerar "no sólo a la población de ballenas grises y otra vida silvestre, sino también la integridad de los paisajes y el ecosistema" en su pendiente decisión sobre si permite o no el funcionamiento de la salinera. El informe destacó las cualidades ecológicas singulares y la deslumbrante belleza de la región de El Vizcaíno, que el mismo México había citado en su nominación de la zona para la consideración como sitio de Patrimonio de la Humanidad tan sólo un año antes de la propuesta de la salinera de ESSA. El reporte también advirtió, al igual que el de la WWF-México

[8] Ver Zaraín, p. 92.

entregado con anterioridad a la administración de Zedillo, de los daños secundarios potenciales resultantes de la salinera, incluyendo amenazas de generación de contaminación y desechos por la expansión de la huella humana en la región.

Mientras organizaciones en coalición para proteger la Laguna San Ignacio participaban tanto a nivel internacional y local, Homero Aridjis convocó conferencias de prensa y continuó blandiendo su pluma en México, publicando salvas en su columna en *Reforma* que mantuvo a la Laguna San Ignacio en el ojo del público mexicano y los pies de los funcionarios del gobierno mexicano y ejecutivos de Mitsubishi cerca del fuego. El activismo de Aridjis resultó en una serie de amenazas de muerte en su contra, lo que obligó al diplomático-poeta a contratar guardaespaldas para garantizar su seguridad. Entretanto, espectaculares y carteles en paradas de autobuses con mensajes en contra de la salinera surgieron como hongos en toda la Ciudad de México.

En 1999, la NRDC y IAFW empezaron a presionar el tema en California para aprovechar la conciencia pública y apreciación por las ballenas grises, que surcan las aguas cercanas a las costas californianas durante su migración.[9] La campaña pegó fuerte, boicots a productos Mitsubishi, convencer a los administradores de fondos mutuos a dejar de comprar sus acciones, apelando a ciudades y condados en California, así como a varios fondos de pensiones con base en este estado, para aprobar resoluciones en contra de la empresa y persuadir a los sindicatos laborales a negar nuevos contratos con la compañía hasta que desistieran de su plan de la salinera. La NRDC, con el respaldo de miembros mexicanos de la coalición y, sorprendentemente, representantes de Mitsubishi, presentaron una resolución a la Comisión Costera de California[10] condenando la salinera, la cual la agencia adoptó de manera casi unánime basándose en los potenciales efectos de la salinera sobre las ballenas grises, una especie que remarcó la resolución "contribuye a la economía de California y ocupa un nicho vital en la diversidad del ecosistema marino del estado." La aprobación de la resolución por parte de la Comisión Costera de California se firmó en enero del 2000, un poco más de un mes antes de que el presidente Zedillo viajara de manera clandestina a

---

[9] Estoy obligado a resaltar aquí que mi primer encuentro con una ballena gris—de hecho, el primero con ballenas en general—fue una tarde inolvidable en la primavera de 1989 en la costa Big Sur de California; cuando como un joven estudiante egresado y recién llegado al estado, fui testigo de ballena tras ballena soplando columnas de rocío a la distancia, iluminadas por el sol del final del día, mientras que estos grandiosos mamíferos, incluyendo pares de madres con crías, nadaban lentamente por su recorrido hacia el norte hacia sus ricas zonas de alimentación en el Ártico.

[10] Creado por la Ley Costera de California de 1972, la Comisión Costera de California es una agencia estatal encargada con garantizar el acceso público a las playas del estado, regular el desarrollo costero, conservar los delicados hábitats costeros y marinos y su biodiversidad.

la Laguna San Ignacio con su familia, junto con un séquito de amigos y colegas, entre ellos nada menos que Julia Carabias.

Es aquí donde podríamos considerar lo que permitió al movimiento de resistencia de la Laguna San Ignacio ganara momentum. Seguramente, fue una potente combinación de astucia política, imaginación poética, la evolución del entendimiento científico de la biología de la ballena gris y de la singularidad ecológica de la región de la Laguna San Ignacio, al igual que perspectivas locales y conocimiento. Sin embargo, aquellos que se involucraron profundamente en los esfuerzos para conservar la naturaleza prístina y proteger a sus habitantes trabajaron mayormente de forma independiente y a menudo de manera discordante, con lo que muchas veces debió parecer propósitos cruzados. Científicos expertos, varios de los cuales ofrecieron su tiempo para llevar a cabo la exhaustiva y rigurosa evaluación de los potenciales daños ecológicos de la salinera, fueron desacreditados públicamente y denunciados falsamente por algunos activistas como herramientas del gobierno mexicano. Estas acusaciones dejaron heridas profundas que persisten hasta el día de hoy entre muchos de estos científicos. Aunque las tensiones internas a menudos fracturaron la coalición activista, los relatos de aquellos que participaron en la batalla por la Laguna San Ignacio coinciden que, en su mayor parte, que esta campaña fue una en la que las diferentes organizaciones activistas actuaron en buena fe y buscaron colaborar con transparencia, comunicación abierta, con un sentido de respeto mutuo y dándole deferencia a los líderes de organizaciones ambientales mexicanas cuando surgieron desacuerdos.

Además de todos aquellos que participaron en la campaña desde la tierra, hubo otro poderoso defensor involucrado, uno el cual actuó en nombre de sí mismo: *Eschrichtius robustus*—la esbelta, gris, ballena barbada quien nace y se mueve entre las sombrías aguas de la Laguna San Ignacio. Porque para encontrar una ballena gris, un ser carismático, enorme, quien vive una vida casi completamente desconocida para nosotros, que tiene una manera no tan sutil de recordarnos que no estamos solos—que el mundo es más maravilloso y misterioso de lo que nos podríamos imaginar. Un encuentro cara a cara con una ballena gris tiene una manera de ampliar nuestro sentido de perspectiva.

A lo mejor fue un encuentro así el que inspiró al presidente Ernesto Zedillo durante su visita a la laguna, mientras se paraba en la proa de una panga observando a los miembros de su familia acariciar y besar a una ballena gris que se había acomodado junto a ellos. Quizás fue la belleza sobria, serena y primordial de sus alrededores—el abrazo del aire salado y asombrosa extensión de naturaleza en su propia patria mexicana. Tal vez fueron preocupaciones más pragmáticas, como su entendimiento de

como la potencial de rentabilidad de la salinera probablemente se evaporaría bajo las limitaciones el comité científico revisor designado por Carabias.[11] Es posible que fuera la ansiedad respecto a cómo la falta de resolución de la protección de la Laguna San Ignacio podría debilitar la popularidad de su partido político en las siguientes elecciones. O puede que fuera que sintió una urgencia por terminar la controversia mientras esperaba la decisión de la Unión Europea sobre un tratado de comercio con México todavía no finalizado. Posiblemente fue una combinación de todos estos factores que llevaron al presidente Zedillo en marzo del 2000—antes de que el proceso formal de revisión de la nueva evaluación de impacto ambiental se completara—a dar un discurso en la residencia presidencial en Los Pinos, proclamando su decisión de rechazar la propuesta de ESSA del desarrollo de una instalación de producción de sal en la Laguna San Ignacio. Con este anuncio, la laguna fue salvada.

* * *

Aunque quizás *salvada* "es la palabra incorrecta," como observó Rebecca Solnit en *Esperanza en la Oscuridad.* "La mayoría de las grandes victorias continúan desarrollándose," escribe Solnit, "inconclusa en el sentido de que no están completamente realizadas..." La salvación de la Laguna San Ignacio todavía es, sin duda alguna, un trabajo en proceso. Una coalición de organizaciones no gubernamentales que componen la Alianza para la Conservación de la Laguna San Ignacio[12] la cual continúa trabajando para establecer concesiones de conservación y evaluaciones de la región—el medio legal disponible más efectivo para proteger tierras silvestres en perpetuidad. Sin esta protección, la zona caería presa de futuros planes de desarrollo. La alianza también se involucra en esfuerzos para recaudar fondos destinados para proporcionar oportunidades de un desarrollo sustentable al igual que un mejor acceso a servicios de salud, educación, agua y energía para los residentes del área. Sin embargo, en la actualidad, el cumplimiento de las promesas de justicia ambiental de los conservacionistas

---

[11] Aunque las conclusiones de la revisión de ESSA nunca se hicieron revelaron al público ni se publicaron, un reportaje del *Phoenix New Times* en el 2001 indicó que muchos de los altos funcionarios del gobierno mexicano, incluyendo Carabias, creían que la salinera no podría ser rentable bajo las restricciones impuestas por la declaración de impacto ambiental revisada (Smith 2001).

[12] Las ONGs que apoyan estos esfuerzos son parte de la Alianza para la Conservación de la Laguna San Ignacio, la cual incluye a la Reserva Ecológica de la Comunidad Maijuna, el Ejido Luis Echeverría Álvarez, la International Community Foundation (ICF), el Fondo Internacional para el Bienestar Animal (IFAW), el Consejo para la Defensa de Recursos Naturales (NRDC), Asociación Rural de Interés Colectivo de Laguna Baja (ARIC), Pronatura Noroeste y CostaSalvaje.

en la Laguna San Ignacio sigue siendo, lamentablemente, todavía incipiente y en gran medida una aspiración.

La Laguna San Ignacio es un hogar para las ballenas grises del Pacífico, pero también de personas. ¿Qué se requiere para garantizar que esta no solo sostenga a sus ballenas residentes temporales, pero también a sus habitantes humanos durante todo el año en el futuro? Aunque la salinera propuesta pudo haber ofrecido solo promesas falsas de prosperidad a los residentes de la zona, la posibilidad de un desarrollo industrial a finales de los 1990s habló de un anhelo de muchos dentro de esta comunidad rural aislada por una oportunidad de tener una mejor calidad de vida. Este anhelo no es menos palpable hoy que hace un cuarto de siglo. Esto no quiere decir no haya cambiado nada para los residentes de la Laguna San Ignacio. La infraestructura de energía solar, las oportunidades educativas para niños y los servicios médicos básicos han mejorado desde los dramáticos y tumultuosos años de la guerra de sal. Pero otros servicios esenciales comunitarios, como el tratamiento de aguas negras y la eliminación de basura, todavía hacen falta. Actualmente las oportunidades económicas disponibles para los residentes de la zona están mayormente limitadas a acuacultura de ostiones, pesca y el ecoturismo de avistamiento de ballenas en los meses de invierno. Los ingresos obtenidos de estas actividades apenas son suficientes para mantener a la comunidad a flote.

Aunque podría ser posible mucho más. ¿Podría la comunidad de la Laguna San Ignacio beneficiarse de una visión más amplia de desarrollo sustentable alineado con el estatus protección de la región cono reserva de la biosfera? ¿Qué se podría lograr, por ejemplo, con ingresos generados por oportunidades más amplias para el ecoturismo, como aquellas que podrían proporcionar a los visitantes la oportunidad de experimentar la extraordinaria belleza natural del desierto que rodea a la laguna, la cual está tentadoramente repleta de una variedad única de flora y fauna?[13] ¿O con oportunidades de sumergirse en las ricas tradiciones culturales, artesanía, cocina y hermoso arte sobre rocas de la zona—uno de los legados de más de diez milenos de presencia humana en la región? ¿Y quién mejor que los residentes de la Laguna San Ignacio para ayudar a reinventar estas posibilidades y fungir como guías expertos y embajadores de este sitio de Patrimonio de la Humanidad, un lugar extraordinario que—aunque mexicano en lo profundo de sus huesos—es para que toda la humanidad se enamore y lo ayude a proteger? ¿Cómo podría la comunidad y sus partidarios tanto en las agencias del gobierno mexicano como organizaciones no gubernamentales locales e

---

[13] De mis residentes locales más-que-humanos favoritos son los cactus cardón y la curruca de manglar, un ave amarilla con una cabeza color café quien canta una canción maravillosamente líquida.

internacionales, aprender de ejemplos de modelos justos y sustentables de ecoturismo y pesquería en otras partes del mundo? ¿Cómo podrían contribuir aquellos interesados en la prosperidad de la vida en la Laguna San Ignacio a una visión de desarrollo sostenible dirigido por la misma comunidad que ha aprendido a prosperar por varias generaciones? Independientemente de cómo pueda proceder a detalle el trabajo que se está realizando para salvar a la Laguna San Ignacio, va a requerir una visión que reconozca como las vidas de las ballenas y de las personas están inexplicablemente unidas.

Salvar a la Laguna San Ignacio es sólo el inicio. Su salud ecológica y el bienestar de las comunidades humanas y de las creaturas salvajes a quienes les ofrece refugio, están inextricable e inevitablemente entrelazadas con la salud de todo el planeta. Es decir, el cuidado de la laguna es un requerimiento necesario, pero insuficiente, para el esfuerzo de trabajo más amplio de reparación del mundo, el cual es responsabilidad de cada uno de nosotros como guardianes de la Tierra.

* * *

Podemos aprender de lo que pasó en la Laguna San Ignacio y de las mismas ballenas, de que se requiere de ambos para proteger cualquier lugar sagrado salvaje del planeta y dejar de acelerar la destrucción la biosfera de la Tierra: la tala de bosques, la contaminación de tierras, ríos y mares; la acidificación de los océanos; el derretimiento de los glaciares y el hielo marino; el empujón del termostato global hacia arriba.

Empecé a escribir este capítulo en una abrazadora tarde de julio en el norte de California, a unos 1400 kilómetros al norte-noroeste de las aguas movidas por el viento de la Laguna San Ignacio. Sudé sobre mi mesa mientras que el ventilador de techo zumbaba débilmente sobre mí. No necesitaba un termómetro para que me dijera que tan calurosa era la tarde, mientras escribía en medio del verano del año más caluroso de la década más cálida registrada. Un registro que resulta que inició en el año 1850, justo cuando las poblaciones de varias especies de ballenas eran preciadas por su grasa se habían reducido hasta el borde del olvido. No es una coincidencia que los registros de los promedios de la temperatura superficial de la Tierra comenzaran cuando estas especies fueron llevadas al borde de la extinción.

Déjenme contarles como la búsqueda global por el aceite de ballena reveló cómo habíamos calentado la Tierra. Puesto que, en esta historia, encontramos una manera en la cual nuestros encuentros con las ballenas nos llevaron a una historia aún más grande sobre nosotros, una que todavía se desarrolla en la Laguna San Ignacio. Re-

gresemos un poco en el tiempo, a mediados de los 1700s, cuando las poblaciones de ballenas ya se encontraban en un fuerte descenso en aguas costeras del Atlántico debido a la caza excesiva. El colapso de estos enormes cetáceos llevó a los balleneros a embarcarse en viajes cada vez más peligrosos en busca de ballenas en alta mar. Persiguieron a estos grandes animales a través del globo, cruzando los océanos, cazándolas hasta en regiones polares. Capitanes marinos se aventuraron a lo largo y ancho de los mares en busca de su presa colosal, y a donde fuera que viajaban, ellos registraban meticulosamente lo que observaban. A veces acompañaban sus notas con brutales y extrañamente hermosas ilustraciones de sus encuentros violentos. Los registros de los balleneros contienen abundantes mediciones de las condiciones climáticas marítimas, incluyendo lecturas precisas de termómetros tomadas en lo que anteriormente habían sido las regiones más inaccesibles y en gran medida inexploradas del mundo. Estos datos adquiridos de los rincones más remotos de los océanos, llenó una laguna crítica, ampliando la cobertura geográfica necesaria para calcular con precisión el promedio de la temperatura de nuestro planeta en toda su superficie. En conjunto con los datos meteorológicos de estaciones climatológicas terrestres y boyas climatológicas modernas, los registros han permitido a científicos climatológicos reconstruir, a detalle, la variación anual de la temperatura superficial de la Tierra desde mediados del siglo XIX al presente. Estas reconstrucciones son la base de nuestro conocimiento del calentamiento global, y a partir de estas sabemos que la temperatura superficial de nuestro planeta ha aumentado más de un grado centígrado desde 1850.[14] Así que existe, extrañamente, una manera en la cual la persecución asesina de las ballenas ayudó a revelar el aumento del termostato del planeta.

En el siglo XIX, el aceite de ballena era utilizado ampliamente como iluminante de combustión limpia, con un ligero olor a pescado. Su uso disminuyó al mismo tiempo que las poblaciones de ballenas se desplomaron, y estuvieron disponibles alternativas más baratas. Entre las primeras estuvo el canfeno, derivado de trementina y alcohol etílico, y posteriormente el queroseno, un combustible derivado del petróleo. A pesar de que tanto la demanda de aceite de ballena como iluminador casero disminuyó junto con la oferta, el mundo tenía varios usos para diferentes partes del cuerpo de las ballenas. Como una empresa global, la caza de ballenas llegó a su pico en los 1960s, con fábricas balleneras oceánicas capturando hasta 700,000 individuos de los mares en el lapso de tan sólo una década. Para 1970, varias especies se balanceaban al borde

[14] Al momento de escribir esto, agosto del 2024 fue el 13° mes en periodo de 14 meses en el que la temperatura del aire superficial promedio de la Tierra excedió los 1,5° C sobre los niveles pre-industriales (1850-1900) de acuerdo con el Servicio de Cambio Climático Copernicus.

de la extinción. Sólo a partir de esto se empezaron esfuerzos globales serios para detener la matanza.

Sabemos, por supuesto, que las ballenas son unas de varias especies de seres vivos que han desaparecido o están al borde de desaparecer del planeta Tierra debido a su sobreexplotación. La disminución de ballenas en los océanos es paralela e igual de devastadora pérdida de vida en la Tierra. Cuando era niño creciendo en Texas en los 1970s, el canto de los pájaros sonaba desde los árboles y lotes llenos de maleza, los cuales pasaba cada mañana camino a la escuela. Esos campos y las aves que habitaban en estos se han ido hace mucho, reemplazados por hoteles y edificios altos de oficinas hechos de acero, vidrio y rocas. A diferencia de la catastrófica disminución en las poblaciones de ballenas, el lento silenciamiento de las aves cantoras locales puede ser imperceptible con el paso de las décadas, al menos que prestaras mucha atención, manteniendo registros de lo que es, y atendiendo lo que ya no es. Estos registros de todo el planeta revelan que las poblaciones de vida silvestre terrestre de la Tierra han disminuido en un 70% en el último medio siglo—desde el tiempo que yo era un joven estudiante inquieto en se escritorio de la primaria. Tanta pérdida en el transcurso de una vida humana.

¿Cómo podemos comprender este número—una disminución del 70% de poblaciones de especies terrestres a través de la Tierra en el lapso de una generación? Es otra estadística en una letanía de catástrofes ambientales que podríamos encontrar debajo de una página del *The New York Times* o *Reforma* en cualquier mañana entre semana. Aun así, esta pérdida no nos dice nada de la abundancia natural que existía en las décadas y siglos anteriores a que naciera el más viejo de nosotros. Hubo un tiempo, antes de la extensa colonización de Norteamérica por parte de los europeos, en el que las ballenas grises eran abundantes en el Océano Atlántico y permanecían cerca de los bancos de arena. Hubo una época en la que el salmón abundaba en los ríos de Nueva Inglaterra y los bisontes vagaban por las praderas americanas en manadas de millones animales fuertes. Hubo un tiempo en el cual manadas de vaquitas bailaban entre las olas del Golfo de California, un momento en el que los ajolotes, un adorable y amado símbolo de la regeneración, nadó en abundancia en las aguas sombrías del Lago de Xochimilco.

Cada uno de nosotros, por virtud de nuestra relativa corta esperanza de vida con relación a la amplitud de la historia humana, habita un marco de referencia en el que la brevedad de la experiencia individual engendra una especie de amnesia ecológica. Es ignorancia que, aunque no sea directamente nuestra culpa, limita nuestra percepción del mundo natural a una ventana estrecha en el tiempo en el que vivimos. Aun así,

estamos viviendo en un mundo reducido. Es casi imposible de imaginar la abundancia de la Tierra como fue alguna vez, un planeta repleto de vida salvaje, a la vez profundamente humano y abundantemente más-que-humano.

Lo que significa para nosotros la pérdida de vidas en la Tierra es la pregunta existencial de nuestro tiempo. Aunque la extinción masiva de las especies de nuestro planeta ha ocurrido cinco veces en los últimos 500 millones de años, nunca se ha producido una reducción de biodiversidad debido a actividad deliberada y consciente. Hasta ahora. Varios autores, entre estos destacan E.O. Wilson y Barry López, han resaltado que entre los impactos de la pérdida ambiental se encuentra nuestra creciente soledad como especie. Wilson ha sugerido que, en lugar de referirnos a la época moderna en la que vivimos como Antropoceno—un término algo humano-centrista que pone el surgimiento tecnológico de nuestra especie como una fuerza que altera la naturaleza que opera a escala planetaria—en vez se llame Eremoceno: La Edad de Soledad. ¿Cómo podemos mantener la esperanza por un futuro en el que nos encontramos cada vez más solos?

Hemos visto que la persecución histórica de las ballenas nos dio, además de valioso iluminador doméstica, mediciones de temperatura que ilustran como se ha calentado el planeta en respuesta a las actividades humanas, la principal siendo la quema de combustibles fósiles y la transformación de la superficie terrestre. Ahora que el mismo calentamiento podría estar amenazando a las ballenas grises. Los cadáveres de casi 700 ballenas grises fueron arrastrados a la orilla de las playas del Pacífico entre el 2018 y 2023, un síntoma del llamado evento de mortalidad inusual que mató más de trece mil ballenas, posiblemente hasta la mitad de la población del Pacífico Norte. La muerte masiva de esta especie fue probablemente debido a inanición suscitado por la disminución del hielo marino. La pérdida del hielo, que alberga algas marinas, resultando en una reducción en la lluvia submarina de los diminutos organismos fotosintéticos al fondo, donde se alimentan los anfípodos bentónicos—criaturas similares a los camarones que son la presa principal de las ballenas grises. El efecto dominó resultando en el agotamiento de la despensa ártica de estas ballenas no es más que una de las innumerables avalanchas ecológicas provocadas por el calentamiento global.

Esto es para decir que la Laguna San Ignacio es un microcosmo del planeta y la labor por proteger este lugar de nacimiento de las ballenas grises ofrece una pequeña semilla con instrucciones establecidas de cómo podemos cuidar más sabiamente el árbol del mundo. Al aprender como esta semilla sobrevivió y floreció en una laguna en la costa del Pacífico de Baja California Sur—y donde los esfuerzos de cuidar las comunidades salvajes y humanas continúan, posiblemente podemos encontrar inspiración para cómo cuidar el árbol que es madre de todos nosotros.

Imagina lo que es volar, como una curruca migratoria, a través de la atmósfera fría y clara a lo alto de Baja California Sur. Mirando hacia la Tierra debajo, la forma alada de la Laguna San Ignacio toma forma. La silueta de la laguna se asemeja a una sámara, la pequeña semilla, parecida a una hélice del arce de maple que, una vez en el aire, es experta en dar piruetas. Sámara, en hebreo y árabe, es un nombre que significa protegido por Dios. La historia de la Laguna San Ignacio ofrece una pequeña y frágil semilla de esperanza, una historia que podría inspirar en cada uno de nosotros la imaginación necesaria para proteger lugares y seres salvajes donde sea que seamos lo suficientemente afortunados para estar entre ellos. Porque nos necesitamos unos a otros.

## Glosario de acrónimos

ESSA: Exportdadora de Sal, Sociedad Anónima
IFAW: Fondo Internacional para el Bienestar Animal
INECC: Instituto Nacional de Ecología y Cambio Climático
NAFTA: Tratado de Libre Comercio de América del Norte
NRDC: Consejo para la Defensa de Recursos Naturales
SEMARNAP: Secretaría de Medio Ambiente, Recursos Naturales y Pesca
UNESCO: Organización de las Naciones Unidas para la Educación, la Ciencia y la Cultura
WWF: Fondo Mundial para la Naturaleza

## Referencias

"A Covenant of Salt." *The Economist*, 10 Sept. 2015, https://www-economist-com.stanford.idm.oclc.org/business/2015/09/10/a-covenant-of-salt.

Ahmad, Nadeem, y Raouf E. Baddour. "A Review of Sources, Effects, Disposal Methods, and Regulations of Brine into Marine Environments." *Ocean & Coastal Management*, vol. 87, 2014, pp. 1–7.

Aridjis, Homero. "El silencio de las ballenas." *Reforma*, 21 Feb. 1995, p. 8A.

Aridjis, Homero. "The Anatomy of a Victory: The Saving of San Ignacio Lagoon." *Earth Island Journal*, vol. 15, no. 3, 2000, pp. 32–33.

*Copernicus: Summer 2024 – Hottest on Record Globally and for Europe | Copernicus.* https://climate.copernicus.eu/copernicus-summer-2024-hottest-record-globally-and-europe. Accessed 14 Sept. 2024.

Dean, Jake William. Cesando La Sal: *A Social Ecology of Conservation-as-Development and Pacific Gray Whale Ecotourism in El Vizcaíno Biosphere Reserve, México.* 2023. The University of Arizona.

Dedina, Serge. *Saving the Gray Whale: People, Politics, and Conservation in Baja California.* University of Arizona Press, 2000.

Garcia, Karen. "The Gray Whale Die-off on West Coast Is over, NOAA Declares." *Los Angeles Times*, 19 Mar. 2024, https://www.latimes.com/california/story/2024-03-19/the-gray-whale-die-off-on-the-west-coast-is-over-noaa-declares.

Kuri, Carlos Miguel Barber. "The Salt Industry In Mexico." *Journal of Business Case Studies*, vol. 3, no. 3, 2007, pp. 67–80.

*Living Planet Report 2022—Building a Nature Positive Society.* World Wildlife Fund, 2022.

Paz, Octavio. "Octavio Paz Speech at the Nobel Banquet, December 10, 1990." *Prix Nobel 1990: Nobel Prizes, Presentations, Biographies and Lectures*, edited by Frängsmyr, Tore, Almqvist & Wiksell, 1991.

Raverty, Stephen, et al. "Gray Whale (Eschrichtius Robustus) Post-Mortem Findings from December 2018 through 2021 during the Unusual Mortality Event in the Eastern North Pacific." *Plos One*, vol. 19, no. 3, 2024, p. e0295861.

*Report of the Mission to the Whale Sanctuary of El Vizcaino, Mexico, 23-28 August 1999.* WHC-99/CONF.208/INF.6, World Heritage Commitee, 1 Jan. 1999, https://whc.unesco.org/en/documents/288.

Russell, Dick. *Eye of the Whale: Epic Passage from Baja to Siberia.* Simon and Schuster, 2001.

Rust, Susanne. "Starvation Has Decimated Gray Whales off the Pacific Coast. Can the Giants Ever Recover?" *Los Angeles Times*, 27 Mar. 2024, https://www.latimes.com/environment/story/2024-03-27/starvation-has-decimated-pacific-coast-gray-whales.

Scherr, S. Jacob. "Conservation Advocacy and the Internet: The Campaign to Save Laguna San Ignacio." *The Internet Age: Threats and Opportunities*, edited by James N. Levitt, 2002.

Smith, James. "Activists Break New Ground to Help Shake Off Saltworks Project." *Los Angeles Times*, 23 Apr. 2000, https://www.latimes.com/archives/la-xpm-2000-apr-23-mn-22581-story.html.

Smith, Matt. "The Unlikely Environmentalists." *Phoenix New Times*, 22 Nov. 2001, https://www.phoenixnewtimes.com/news/the-unlikely-environmentalists-6413832.

Solnit, Rebecca. *Hope in the Dark: Untold Histories, Wild Possibilities*. Haymarket Books, 2016.

Spalding, Mark J. "Mobilizing across Borders: The Case of the Laguna San Ignacio Saltworks Project." *Working Paper Series, Justice in Mexico Project, UCSD Center for U.S.-Mexican Studies and USD Trans-Border Institute*, 2006.

Stewart, Joshua D., et al. "Boom-Bust Cycles in Gray Whales Associated with Dynamic and Changing Arctic Conditions." *Science*, vol. 382, no. 6667, 2023, pp. 207–11.

Swartz, Steven L. *Lagoon Time: A Guide to Gray Whales and the Natural History of San Ignacio Lagoon.* First Edition, The Ocean Foundation, 2014.

Tovar, Luis Raúl, et al. "Fluoride Content by Ion Chromatography Using a Suppressed Conductivity Detector and Osmolality of Bitterns Discharged into the Pacific Ocean from a Saltworks: Feasible Causal Agents in the Mortality of Green Turtles (Chelonia Mydas) in the Ojo de Liebre Lagoon, Baja California Sur, Mexico." *Analytical Sciences*, vol. 18, no. 9, 2002, pp. 1003–07.

Wilson, E. O. *The Future of Life.* 1st ed., Alfred A. Knopf, 2002.

Zaraín, Valentina Uribe. *La Cancelación Del Proyecto Para Ampliar Un Salinera de San Ignacio (Baja California Sur, México) En 2000: La Estrategia de La Coalición Ambientalista y Las Razones de Su Éxito; Asesor [Bernardo Mabire]. 2013.* V. Uribe Zaraín.

# AGRADECIMIENTOS

A los editores les gustaría agradecer a los traductores Regina Lobo Barrera, Tabata Olavarrieta García, Claudia Magana, Irene Pomar Montes de Oca y Teresa Soto Tafalla. Estamos agradecidos con Ranulfo Mayoral por sus dibujos talentosos de ballenas grises. Y ofrecemos una nota de agradecimiento especial al científico Steven Swartz, cuyo propio libro sobre la Laguna San Ignacio fue una de nuestras inspiraciones.

Un agradecimiento especial a los fotógrafos talentosos cuyo trabajo se presenta en este libro: Richard German, Amílcar Hernández, Mary Lou Jones, Sergio Martínez Aguilar, Steven Swartz y el difunto Johnathan Wright.

También nos gustaría reconocer con agradecimiento y admiración el trabajo del Programa Científico del Ecosistema de la Laguna San Ignacio (LSIESP).

**Steven Swartz and Mary Lou Jones at Laguna San Ignacio, 1977 – Steven Swartz y Mary Lou Jones en Laguna San Ignacio, 1977** Photo: Johnathan Wright

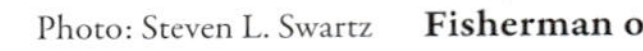

**A school in the Ejido – Una escuela en el Ejido** Photo: Steven L. Swartz

**Fisherman of San Ignacio Lagoon – Pescador de Laguna San Ignacio** Photo: LSIESP

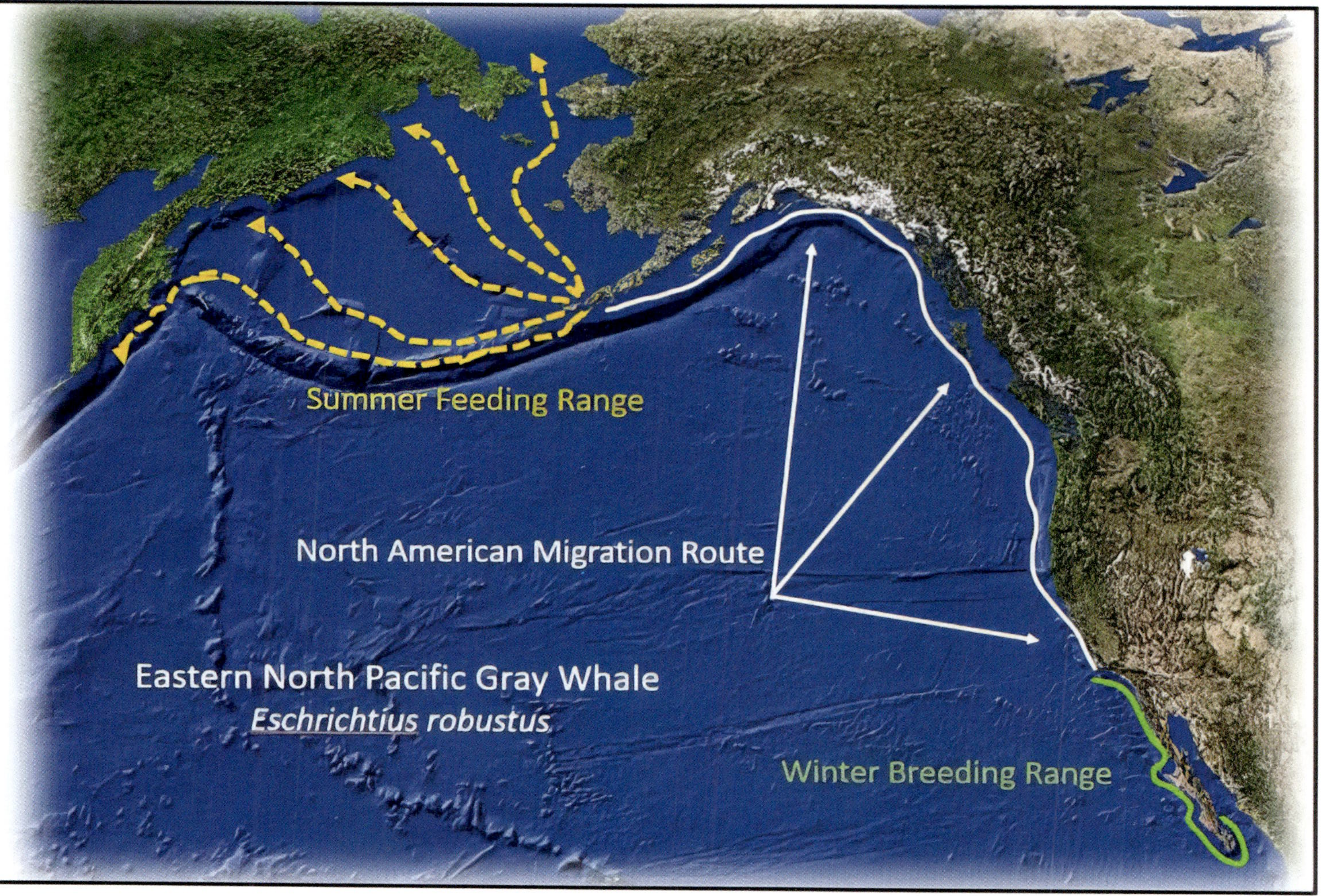


**Range and Migration Route of the Eastern North Pacific Gray Whale – El área de distribución y la ruta migratoria de la ballena grise del Pacifico Noreste**

Source: Laguna San Ignacio Ecosystem Science Program

**Newborn baby gray – Ballena gris recién nacida**

Photo: Steven L. Swartz

**Sunset over San Ignacio Lagoon–El atardecer en Laguna San Ignacio** Photo: Steven L. Swartz

**Stars above Punta Piedra – Las estrellas sobre Punta Piedra** Photo: Amílcar Hernández

**Salt flats near San Ignacio Lagoon – Salitral cerca de la Laguna San Ignacio**
Photo: Amílcar Hernández

**The saltworks at Guerrero Negro – Extracción de sal en Guerreo Negro** Photo: Steven L. Swartz

**Fish-hook Cactus – Viejito** *(Mammillaria sp)* Photo: Amílcar Hernández

**Red Sand Verbena – Alfombrilla** *(Abronia marítima)* Photo: Amílcar Hernández

**Elephant Cactus – Cardón gigante** *(Pachycereus pringlei)* Photo: Amílcar Hernández

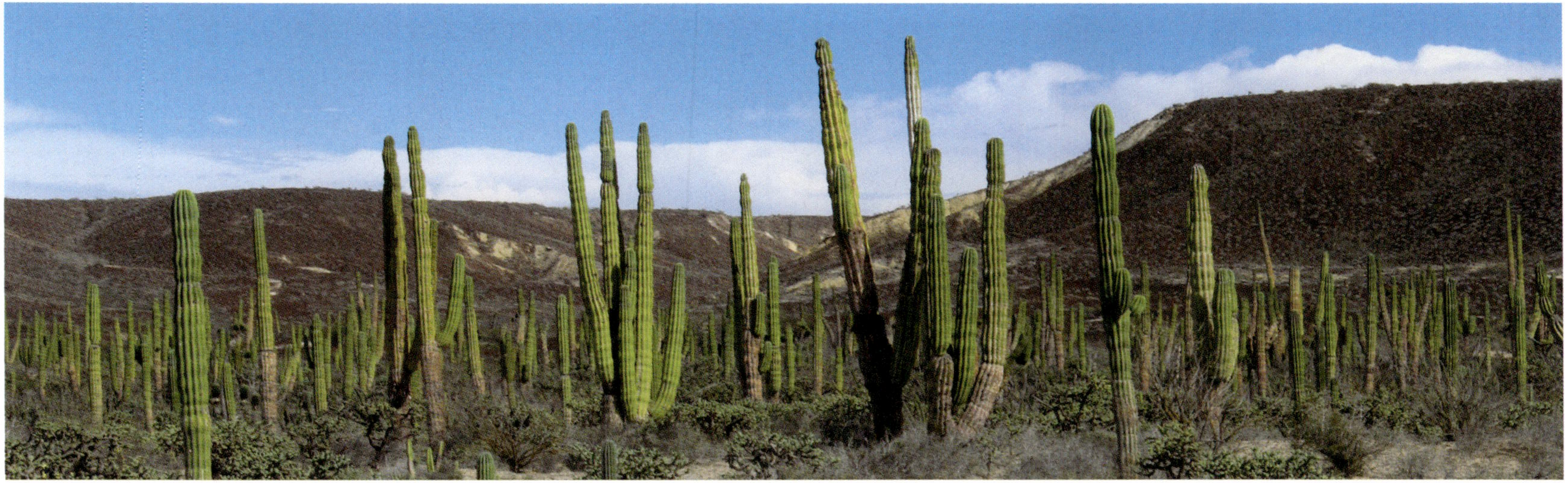

**Elephant Cactus – Cardón gigante** *(Pachycereus pringlei)*

Photo: Amílcar Hernández

**Adam's Tree – Palo Adán** *(Fouquieria diguetii)*

Photo: Amílcar Hernández

**Red Mangrove – Mangle Rojo** *(Rhizophora mangle)*

Photo: Amílcar Hernández

Ospreys in nest – Gavilán pescadoras en nido *(Pandion haliaetus)* Photo: Amílcar Hernández

**Snowy Egret – Garza Dedos Dorados** *(Egretta thula)* Photo: Amílcar Hernández

**Brant – Ganso de Collar** *(Branta bernicla)* Photo: Steven L. Swartz

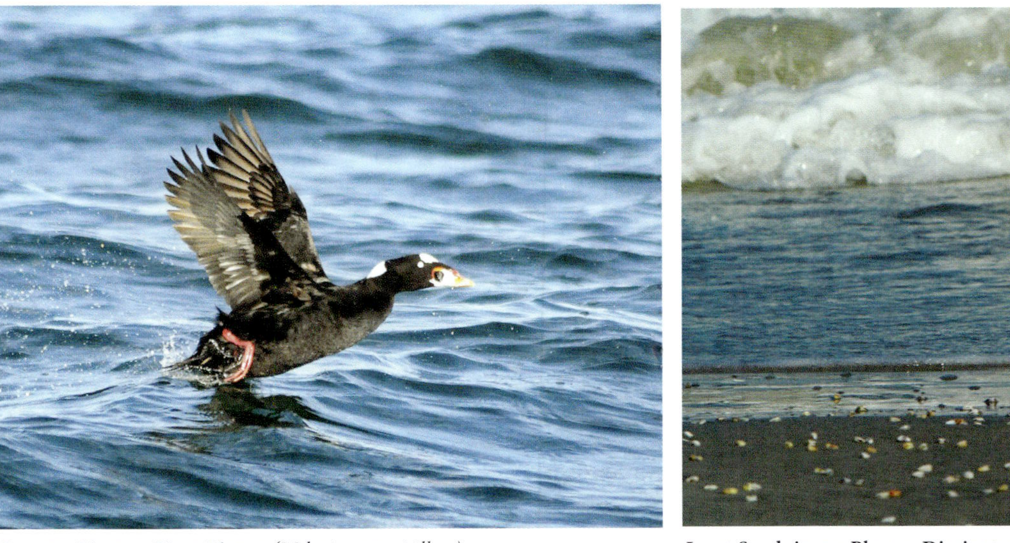

**Surf Scoter – Negreta Nuca Blanca** *(Melanitta perspicillata)*
Photo: Sergio Martínez Aguilar

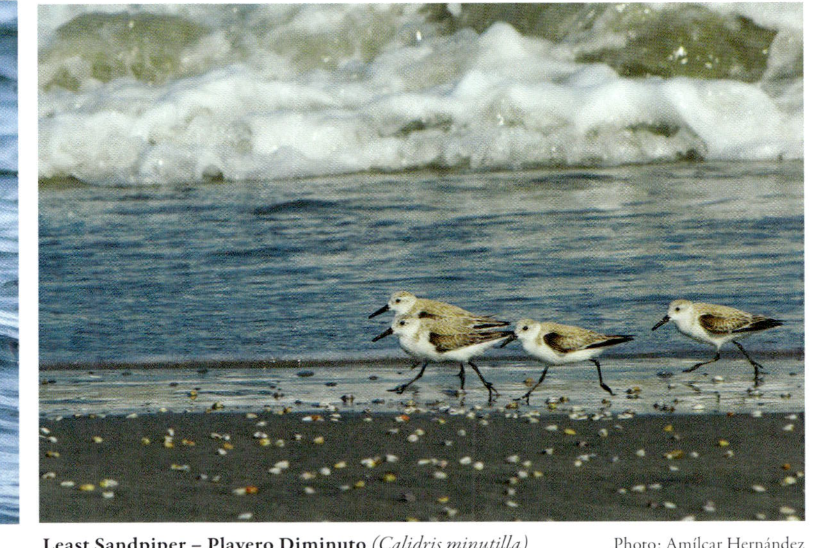

**Least Sandpiper – Playero Diminuto** *(Calidris minutilla)* Photo: Amílcar Hernández

**Marbled Godwit – Picopando Canelo** *(Limosa fedoa)* Photo: Amílcar Hernández

**Black-crowned Night Heron – Garza Nocturna Corona Negra** *(Nycticorax nycticorax)*
Photo: Amílcar Hernández

**Great Egret - Garza Blanca** *(Ardea Alba)* Photo: Steven L. Swartz

**Peregrine Falcon – Halcón Peregrino** *(Falco peregrinus)* Photo: Steven L. Swartz

**American Oystercatcher – Ostrero Común Americano** *(Haematopus palliates)*
Photo: Amílcar Hernández

**Reddish Egret – Garza Rojiza** *(Egretta rufescens)* Photo: Steven L. Swartz

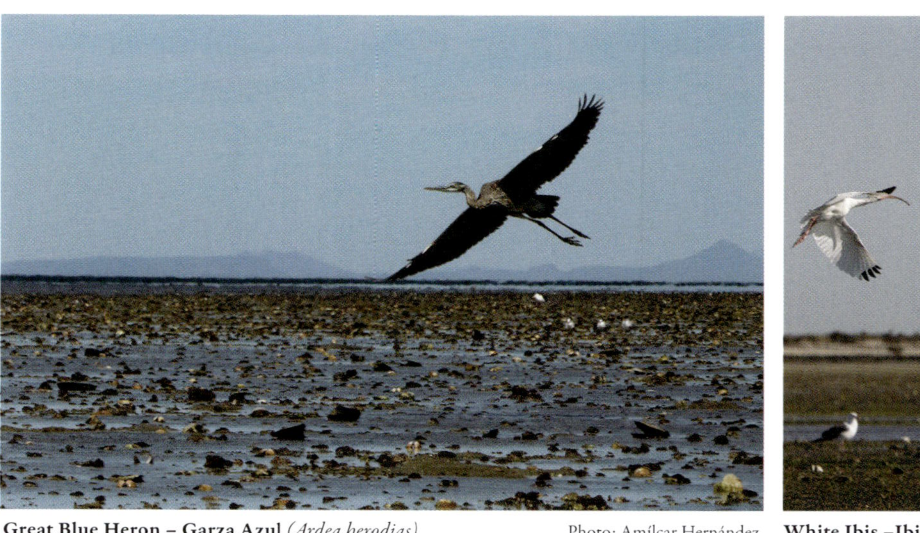

**Great Blue Heron – Garza Azul** *(Ardea herodias)* Photo: Amílcar Hernández

**White Ibis –Ibis Blanco** *(Eudocimus albus)* Photo: Amílcar Hernández

**Brown Pelican – Pelícano Pardo** *(Pelecanus occidentalis)* Photo: Steven L. Swartz

**American White Pelican – Pelícano Blanco** *(Pelecanus erythrorhynchos)*
Photo: Amílcar Hernández

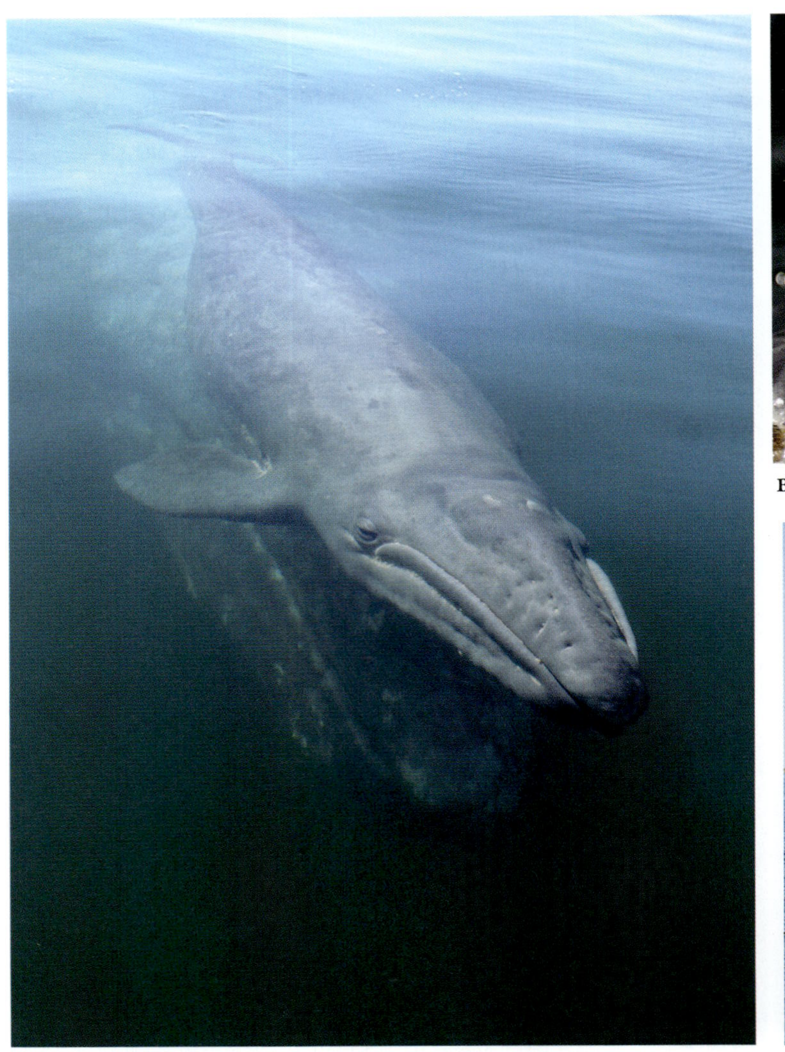

**Mother and calf beneath the water – Madre y cría debajo del agua**
Photo: Sergio Martínez Aguilar

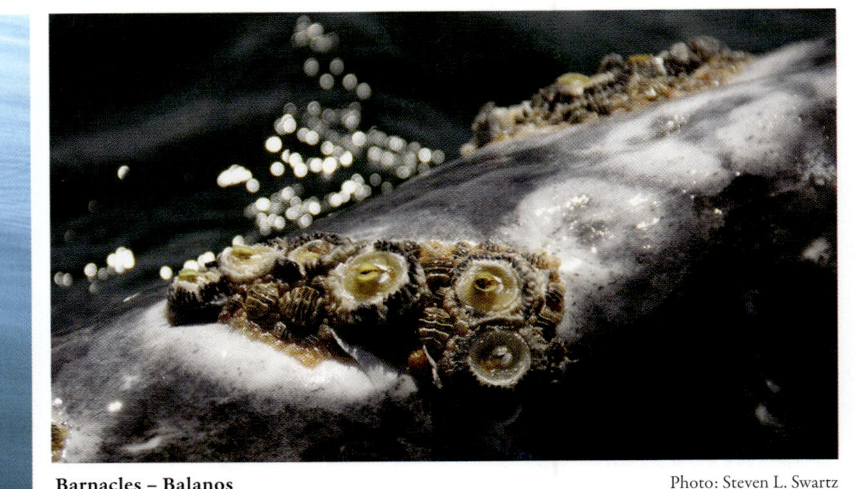

**Barnacles – Balanos**
Photo: Steven L. Swartz

**Columnar blow – Soplo columnar**
Photo: Steven L. Swartz

**Feeding whale – Ballena alimentándose**
Photo: Steven L. Swartz

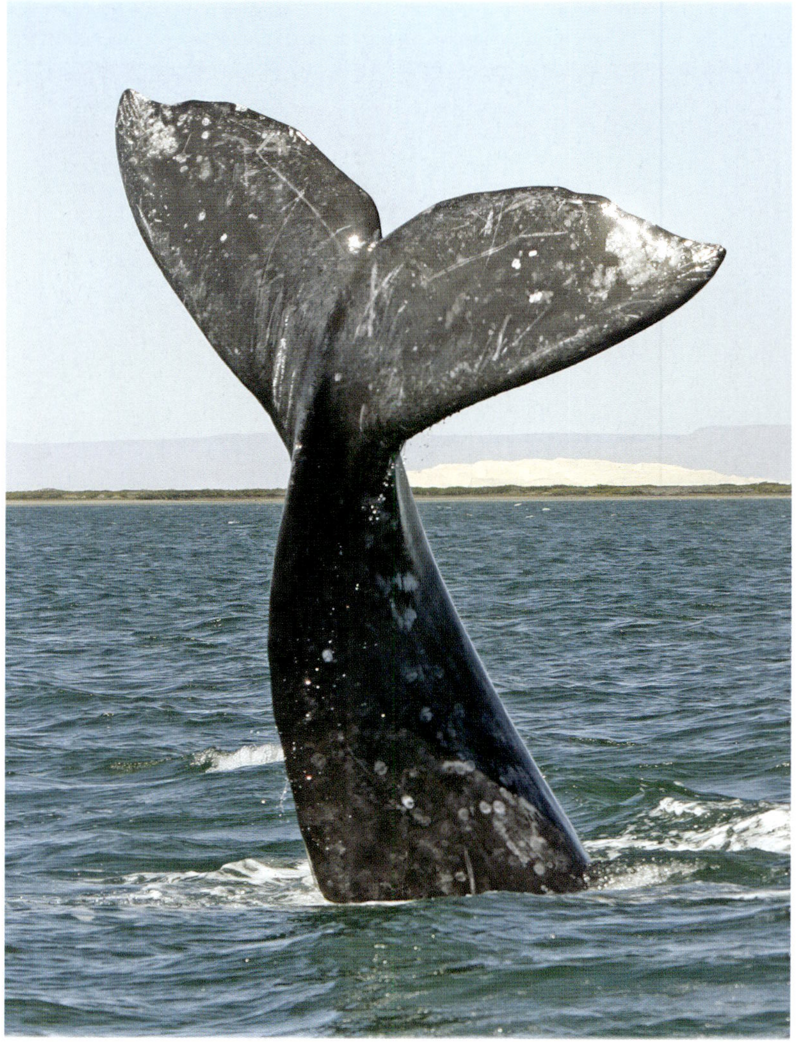

**Tail stand – Levantamiento de cola**

Photo: Steven L. Swartz

**Mating – Apareamiento**

Photo: Steven L. Swartz

**Mother and calf – Madre y cría**

Photo: Sergio Martínez Aguilar

**Blow hole – Orificios respiratorios** Photo: Sergio Martínez Aguilar

**A baby gazes upon us – Bebé nos observa** Photo: Sergio Martínez Aguilar

**A vertical breach – Un salto vertical** Photo: Sergio Martínez Aguilar

**Falling into the water after a breach – Caída al agua después de un salto** Photo: Steven L. Swartz

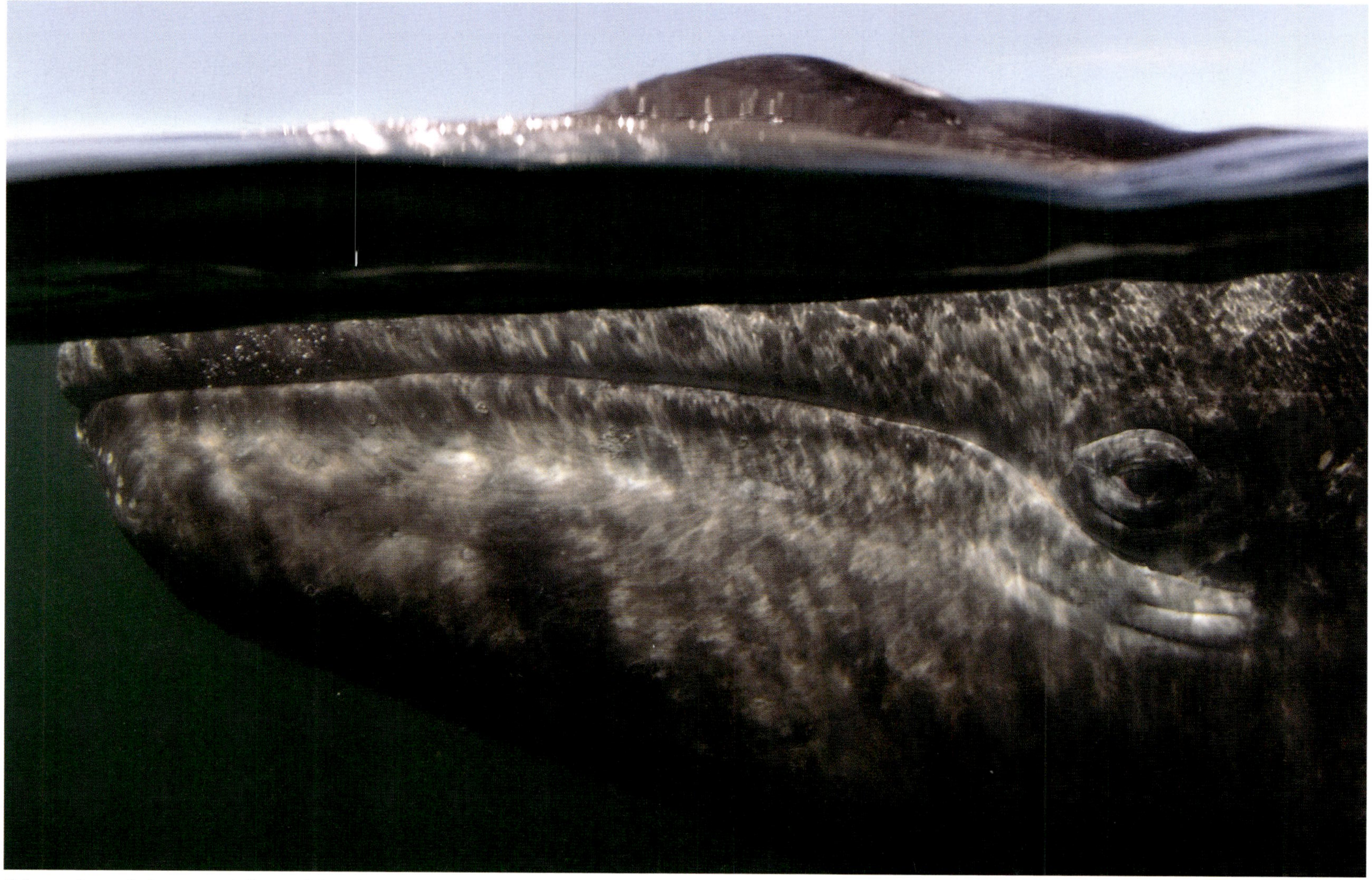

**Baby gray beneath the water – Ballenato debajo del agua**

Photo: Sergio Martínez Aguilar

**Spyhop – Atisbo**

Photo: Sergio Martínez Aguilar

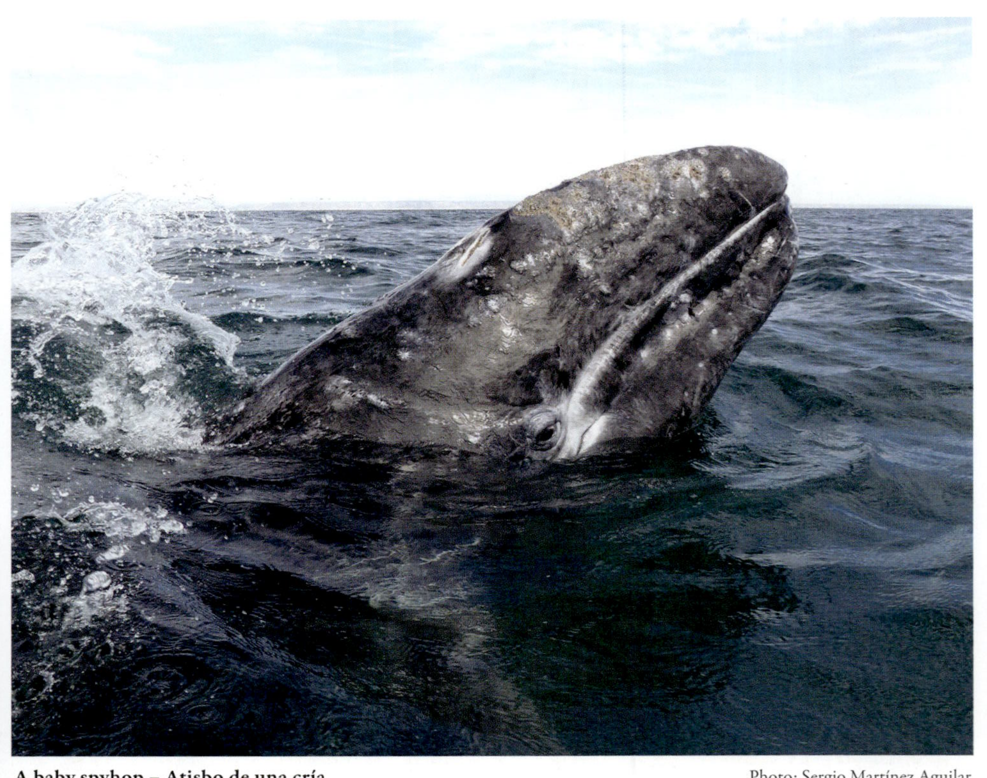

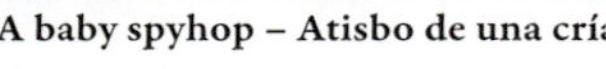

**A baby spyhop – Atisbo de una cría**

Photo: Sergio Martínez Aguilar

**Identifying marks – Marcas para identificación**

Photo: LSIESP

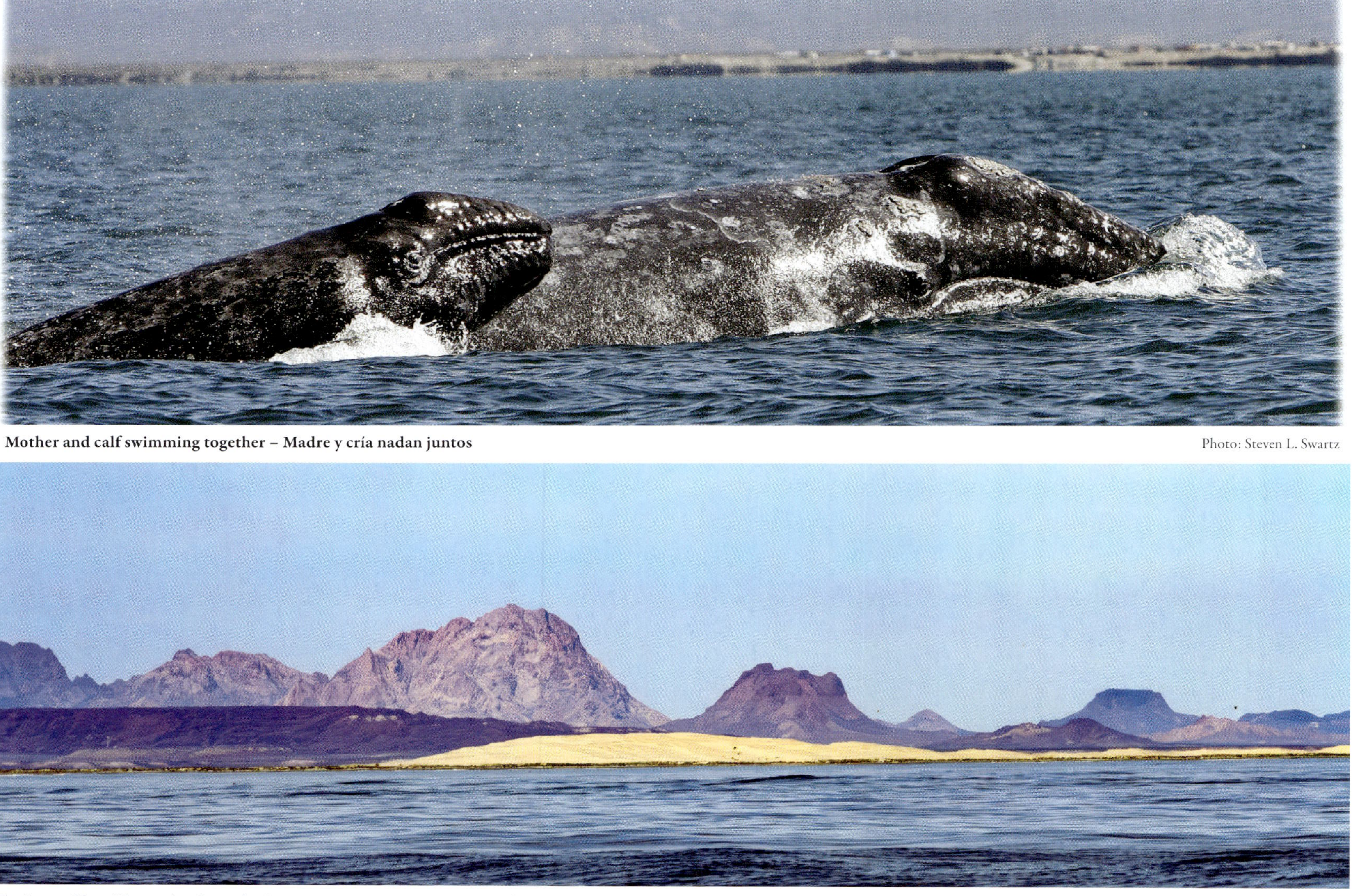

**Mother and calf swimming together – Madre y cría nadan juntos**

Photo: Steven L. Swartz

**The Santa Clara Mountains from the Lagoon entrance – Las montañas de Santa Clara desde la entrada de la laguna**

Photo: Steven L. Swartz